Nouvelle Collection scientifique
Directeur : Émile Borel

A. BRACHET

Professeur à l'Université de Bruxelles
Correspondant de l'Institut de France

La Vie créatrice

des Formes

Avec 29 figures

LIBRAIRIE FÉLIX ALCAN

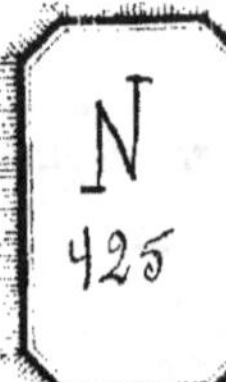

LA VIE CRÉATRICE
DES FORMES

LA VIE CRÉATRICE DES FORMES

PAR

A. BRACHET

PROFESSEUR A L'UNIVERSITÉ DE BRUXELLES

CORRESPONDANT DE L'INSTITUT DE FRANCE

Avec 29 figures

PARIS

LIBRAIRIE FÉLIX ALCAN

108, BOULEVARD SAINT-GERMAIN, 108

1927

Dans aucune de ses manifestations, la vie ne se montre plus pleinement créatrice que quand un individu nouveau se constitue de toutes pièces, aux dépens d'un œuf fécondé ou par génération agame. Longtemps on a cru que les étapes, d'une complexité croissante, par lesquelles passe un germe au cours de son développement, ne pouvaient être que décrites et interprétées selon les règles de la méthode comparative ; le modelage progressif des formes, l'édification des organes, l'apparition des structures fonctionnelles, semblaient un domaine de l'activité vitale où la recherche expérimentale ne donnerait que des déceptions.

La preuve est faite aujourd'hui que ces craintes étaient vaines. Depuis plus de trente ans qu'on s'est mis à l'œuvre, nombre de faits importants et souvent même inattendus ont été découverts ; le germe, source originelle de tout organisme, perd par lambeaux le mystère qui l'entourait ; l'harmonie suivant laquelle s'enchaînent les formes successives qu'il revêt, commence à révéler ses lois à l'analyse scientifique ; l'œuf lui-même, où l'énigme des causes immédiates du développement embryonnaire trouvera son dernier réfuge, laisse entrevoir le déterminisme de ses pouvoirs formateurs.

Depuis quelques années, soumis aux techniques précises de la chimie et de la physique, l'œuf a cessé d'être la petite cellule d'apparence banale qu'on croyait et s'est montré ce qu'il est réellement : un centre d'activité vitale intense et créatrice de tout ce qui assurera sa destinée. La fécondation n'est plus l'acte purement morphologique dont le sens profond échappait à la raison ; on sait maintenant ce que produit le germe mâle quand il se conjugue à l'œuf, on connaît les propriétés nouvelles qu'il lui apporte, et ainsi l'une des faces du problème de l'hérédité est sortie de l'ombre pour se projeter en pleine lumière.

Enfin, les mécanismes intimes de la morphogénèse, les raisons directes de l'enchaînement des formes embryonnaires, ont répondu aux essais des expérimentateurs en dévoilant certaines des lois qui les dirigent.

Les faits et les idées ainsi acquis n'ont pas, sans doute, disssipé complètement notre ignorance, mais ils forment néanmoins un ensemble cohérent et l'intérêt qu'ils présentent est assez captivant pour que nous ayons cru utile d'en faire un exposé qui fût accessible, non pas seulement aux spécialistes, mais aussi à un public plus large et plus varié.

Cette considération nous a amené à réduire les observations purement descriptives au minimum indispensable. Dans l'amoncellement des faits, nous avons choisi les plus significatifs ; nous avons négligé le détail pour ne retenir que l'essentiel. En revanche, nous nous sommes toujours attaché à mettre en pleine évidence la portée théorique et la valeur explicative des données expérimentales. En bien des points importants, nous n'avons pas dissimulé les lacunes de nos connaissances, mais nous nous sommes toujours efforcé d'indiquer les méthodes par lesquelles elles pourraient être comblées, et nous avons justifié notre confiance dans l'avenir.

Nous n'avons pas voulu non plus alourdir notre exposé par des notes ou des renvois bibliographiques qui eussent dû être fort nombreux et qu'on n'aurait guère utilisés. Nous nous bornons à donner ci-dessous une liste des ouvrages d'ensemble les plus récents où le lecteur trouvera toutes les références nécessaires.

Nous tenons cependant à ne pas passer sous silence les noms de quelques-uns de ceux qui, sur la brèche depuis l'aurore de l'embryologie expérimentale, l'ont élevée au rang éminent qu'elle occupe aujourd'hui : Wilhelm Roux, qui fut son véritable fondateur, Chabry, Jacques Loeb, G. Born, Oscar Hertwig, Yves Delage, Boveri, Oscar Schultze, H. Braus et, parmi les jeunes, Maurice Herlant et Jenkinson, sont morts ; Hans Driesch, expérimentateur sagace, s'est entièrement consacré, depuis plusieurs années, à la méditation philosophique. Mais d'autres sont encore à l'œuvre et plusieurs d'entre eux ont fait école : Edm. B. Wilson, Th. H. Morgan, E. Bataillon, Edwin G. Conklin, F. R. et R. S. Lillie, R. G. Harrison, E. Fischel, Gurwitch, Child, Hans Spemann, Ch. R. Stockard, A. Weber, E. Godlewski, Baltzer... Ce sont là des anciens. Nous ne pouvons malheureusement citer tous les autres, plus nouveau-venus qui, comme Gunther et Paula Hertwig, Ekman, Detwiler, L. Hoadley, W. Vogt, Goerttler, Mangold, G. Ruud, Geinitz, etc... enrichissent tous les jours nos connaissances sur les sujets les plus variés. N'oublions pas non plus ceux qui se sont attachés à l'œuvre ardue de déchiffrer l'organisation de la cellule-œuf, par les méthodes chimiques, physiques ou simplement biologiques : Fauré-Frémiet, Terroine, Vlès, Chambers, Heilbrunn, Dalcq, E. Just, Runnström, Spek, J. Gray, Cannon, M. et Mme Needham, M. et Mme Bohn-Drzewina dont les travaux, sans avoir toujours les cellules sexuelles pour objet, ont fait naître des idées qui leur sont souvent applicables ; et ils ne sont pas les seuls dont les recherches aient été fécondes.

Enfin dans le beau domaine du déterminisme des caractères sexuels, si étroitement lié au nôtre, de grands progrès ont été faits grâce aux remarquables travaux publiés en France par Bouin, Ancel et leurs élèves (Aron, Benoit, Courrier, Vintemberger), par Pézard et par Champy.

Cette énumération ne vise pas à être complète, mais elle suffit à prouver que l'activité dans la recherche ne se lasse pas. Rien qu'en la parcourant le lecteur pourra juger de la masse imposante des faits dont nous disposions pour écrire ce livre ; nous y avons fait de larges emprunts.

LA VIE CRÉATRICE DES FORMES

CHAPITRE PREMIER

L'ORIGINE DE L'ORGANISATION ET DE LA FORME

On énonce une bien vieille notion en disant que la vie implique l'organisation de la matière ; cela signifie qu'elle ne s'offre à nous, dans la Nature, que sous l'aspect de structures et revêtue de formes.

L'idée qui régna longtemps dans la science d'une substance chimiquement définie dont la vie serait la propriété fondamentale et mystérieuse, s'efface progressivement devant une conception plus large, plus conforme aussi à l'enseignement des faits et qui voit dans les manifestations vitales, la résultante du jeu extraordinairement complexe mais admirablement réglé, des actions et des réactions qu'exercent les unes sur les autres un grand nombre de substances de composition fort différentes. La vie serait ainsi, plutôt qu'une propriété véritable et particulière, une manifestation d'énergies constamment renouvelées et constamment transformées, réglée par la quantité, la qualité et l'ordonnance des matériaux qui les dégagent.

— I —

On peut, dans ces conditions, préciser d'une façon assez satisfaisante pour l'esprit la signification du terme d'albumine vivante, qui fait partie du langage classique de la chimie biologique et de la physiologie générale.

Il n'est pas douteux que la vie ne soit étroitement liée aux substances azotées que l'on appelle albuminoïdes ou protéiques. Il n'y a pas de vie sans elles, mais il n'y en a pas non plus quand elles existent seules. Pour qu'elles « vivent », il faut qu'elles soient incorporées dans un certain milieu, bien défini, qu'elles y trouvent sinon les sources, du moins les causes immédiates de leur entrée en activité et cela sous forme de substances de composition chimique diverse, allant des albumines aux composés inorganiques les plus simples tels que l'eau ou les sels métalliques. Il faut aussi que dans ce complexe les éléments qui le constituent soient répartis dans un certain ordre, existent en certaines proportions et se trouvent dans des conditions physiques déterminées.

Les protéines et les substances qui leur sont associées forment ainsi un véritable système physique et chimique, limité dans l'espace et dans lequel les réactions entrent en jeu, les énergies se déploient, et le travail de la vie peut se manifester.

Mais en quoi consiste ce « travail de la vie ? » Sans doute, il est essentiellement d'ordre chimique, bien que les changements purement physiques soient nombreux et importants dans les multiples manifestations de la vie. Mais ramené à ce qu'il a d'essentiel — et cela suffit pour le but que nous nous proposons ici — il consiste en une série régulière, constante et rythmique ou plus exactement cyclique, de processus destructifs et cons.

tructifs. Les substances dont la structure chimique est la plus complexe, les protéines notamment, se dégradent, se résolvent en produits plus simples, mais en même temps il s'en reforme de nouvelles aux dépens d'autres éléments contenus dans le système ; quand ceux-ci sont épuisés, ils doivent être remplacés par des apports venus du milieu extérieur, dans lequel se perdront aussi les restes ultimes de la destruction. Exprimés en termes de physiologie, l'apport des matériaux nouveaux, c'est la nutrition, leur transformation en matériaux hiérarchiquement supérieurs, c'est l'assimilation, c'est-à-dire la préparation à la vie ; leur dégradation, c'est l'activité fonctionnelle ; leur rejet à l'extérieur enfin, c'est l'excrétion.

Cette activité, qui successivement, inlassablement, édifie et détruit, est accompagnée de changements d'ordre physique divers, eux aussi généralement périodiques et réversibles : variations dans la température, la pression osmotique, la viscosité, la tension superficielle, l'état électrique etc., etc. Tout cela se traduit, dans le système vivant élémentaire, par des manifestations extérieures, notamment par des déformations plus ou moins rythmées, des « mouvements » qui peuvent paraître quelconques, mais sont soumis en réalité à un déterminisme rigoureux.

Ces indications, d'ordre très général et qui ne visent qu'à donner une représentation schématique de ce qui est l'essence même de la vie, permettent de situer dans un cadre que la science moderne construit lentement et péniblement, les notions d'organisation et de forme qui sont inséparables de celles d'être vivant.

L'organisation d'abord. Dans son expression la plus simple, elle est l'ordonnance, c'est-à-dire la répartition dans l'amas élémentaire de substances vivantes, des matériaux qui le composent. Cette ordonnance est en effet, et on le comprend aisément, le facteur qui règle la localisation des processus vitaux et l'ordre suivant lequel ils se produisent, en mettant en place les éléments qui doivent réagir les uns sur les autres.

Mais l'organisation n'est réduite à cet état élémentaire que chez des êtres tout à fait inférieurs. Il est même probable qu'elle n'est aussi simple dans aucun être de la nature actuelle et n'a que la valeur d'un concept synthétique ou d'un schéma représentatif d'une vue théorique. Dans la réalité l'organisation est plus complexe ou plutôt plus large. A part les infiniment petits, tous les êtres vivants ont des structures ou des organes, qui se superposent à la simple ordonnance des matériaux et qui prennent une place de plus en plus prépondérante au fur et à mesure que croît la complication des êtres.

On peut, par un raisonnement fondé sur des données scientifiques, incomplètes encore mais pourtant déjà solides, relier entre elles les étapes principales de cette complication.

La simple répartition topographique des matériaux est le prélude, en effet, de l'organisation véritable, comme l'être vivant élémentaire dont nous parlions plus haut est la souche des organismes les plus compliqués de la nature actuelle. Il est nécessaire, pour bien la faire comprendre, d'étayer cette conception et de la développer quelque peu.

On a vu que l'être vivant primordial est le siège de processus incessants de constructions et de destructions ; à leur ensemble, on peut pour simplifier l'exposé donner le nom de *métabolisme* ; les processus constructifs sont de l'anabolisme, les destructifs du catabolisme. Dans les uns comme dans les autres, les transformations de matière se font par étapes ; une foule de produits intermédiaires apparaissent, puis disparaissent et, constamment renouvelés eux aussi, se compliquent ou se dégradent selon le sens dans lequel se poursuit leur évolution.

Si celle-ci est lente ou simplement ralentie, ces sous-produits, comme on peut les appeler, qui sont les témoins et les preuves d'un des actes du métabolisme général, pourront apparaître comme des dépôts localisés qui évolueront pour leur compte, à côté des éléments fondamentaux, essentiels, sans lesquels la vie n'existe pas. Leur présence, leur devenir, leur place sont réglés ; ils font partie de l'être au même titre que le reste, et apparaissent, quand ils se présentent à l'observation, comme quelque chose de surajouté, comme une complication. Mais cette complication, par sa constance même, prend rang comme un rouage nouveau dans les mécanismes de la vie et se traduit par une manifestation vitale de l'être.

Ainsi peut s'interpréter la formation dans la masse de substance vivante en action, de structures, c'est-à-dire de sortes de petits organites, reconnaissables sous le microscope et dont le rôle, malgré qu'il soit intégré dans la vie de l'ensemble, prend une allure spéciale ; par ses caractères mêmes il s'offre plus complètement à l'analyse expérimentale et constitue ce que l'on appelle communément une « fonction ».

Telle est, dans l'état actuel de la science, la façon la plus commode d'expliquer les sources de l'organisation de la matière vivante et l'apparition en elle et par elle des structures fonctionnelles.

Il est vraisemblable que dans les organismes les plus petits et les plus simples de la nature actuelle, dans les êtres unicellulaires, les fibrilles musculaires, les fibrilles nerveuses, d'autres enclaves encore reconnaissent une semblable origine ; car l'apparition de dépôts, d'enclaves, de structures, a fait de la masse de matière vivante qui fut notre point de départ, une *cellule*, c'est-à-dire un organisme ayant une existence réelle.

La cellule en effet, l'unité la plus simple sous laquelle la vie se présente, avec son noyau, ses organes microscopiques, ses structures permanentes ou transitoires, doit être considérée comme l'aboutissement de l'évolution que nous avons retracée jusqu'ici. Les organes qu'on y décrit, le noyau notamment, le centriole s'il est constant, les fibrilles que l'on peut y voir, les grains, gouttelettes, vacuoles, etc., que le microscope y découvre, sont des structures fonctionnelles qui témoignent d'une localisation de certains processus métaboliques, étroitement associés d'ailleurs au métabolisme total.

Dans ces conditions on peut très exactement, comme le faisaient les biologistes à l'aurore de la théorie cellulaire, désigner sous le nom de *protoplasme* l'ensemble des matériaux qui constituent la cellule toute entière. Le protoplasme est donc complexe dans sa composition et dans sa « structure » et il est non seulement commode, mais fructueux pour le progrès de la science, de le dissocier en quelques-uns de ses éléments essentiels : le nucléoplasme, ou substances composant la noyau et le cytoplasme formant le corps cellulaire, la masse principale de la cellule. Tous deux sont organisés (fig. I) et peuvent présenter des structures plus ou moins visibles selon les cas, et variables suivant les phases de la vie cellulaire. Dans les œufs, dont il sera longuement question dans la suite, il est utile de distinguer en outre, au sein du cytoplasme lui-même, le deutoplasme, résultat lui aussi du métabolisme cellulaire, mis provisoirement en dépôt et qui n'y rentrera qu'après un temps plus ou moins long, lorsque

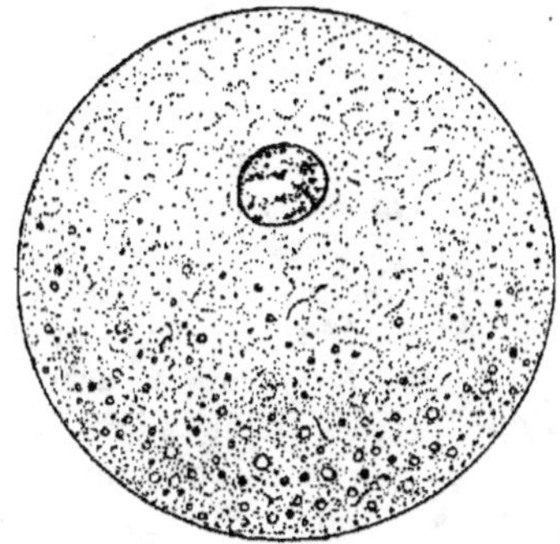

Fig. 1. — Schéma d'une cellule avec son noyau et son cytoplasme chargée d'enclaves diverses.

aux dépens de l'œuf, l'embryon commencera à se former (fig. 7).

Toutefois ce ne sont encore là que les premières ébauches de l'organisation des êtres vivants. A mesure qu'on s'élève dans l'échelle zoologique — et il en est de même pour les végétaux — les organismes grandissent et se compliquent. Ce qui, dans les débuts de la vie, n'était que dépôts plus ou moins stables, puis structures fonctionnelles, grandit et se complique aussi. Les animaux ne sont plus formés d'une seule cellule vivante, microscopique, avec quelques différenciations régionales, mais bien de milliers ou de millions de cellules groupées en organes fonctionnels, harmonieusement associés en vue de réaliser ensemble une unité vivante d'ordre supérieur, comme la simple masse primitive ou l'unique cellule du Protiste en constituait une autre, d'ordre inférieur. Et dans cet ensemble, les organes eux-mêmes se groupent, s'associent en des systèmes dont la seule énumération suffit à énoncer les grandes fonctions par lesquelles se manifeste la vie chez les animaux supérieurs : systèmes nerveux, musculaire, osseux, vasculaire, digestif et respiratoire, urinaire et génital. Ces systèmes et ces organes sont l'objet d'études propre des physiologistes et il est évident qu'ils se prêtent à l'analyse expérimentale dans des conditions infiniment plus favorables que ne peuvent le faire leurs ébauches chez les unicellulaires ou chez les animaux inférieurs.

La notion d'organisation, quel que soit le point de vue qui serve à la définir, en implique une autre, tout aussi fondamentale pour l'analyse de la vie, celle de la forme. A son origine, elle exprime le fait que toute masse vivante, aussi primordiale qu'on la puisse imaginer, est limitée dans l'espace, a des contours et bien qu'insérée dans le milieu où elle siège, bien qu'en constantes relations d'échanges avec lui, en est pourtant distincte et ne fait que le toucher par des surfaces définies. On peut imaginer que la forme la plus simple est celle d'une sphère, mais l'hétérogénéité des matériaux qui la constituent, les localisations de certains éléments du métabolisme général, les variations des rapports avec le milieu extérieur qui en sont la conséquence, doivent avoir pour effet de déformer cette sphère et de compliquer la forme extérieure dans un sens déterminé par la nature de la masse vivante elle-même ; et les dépôts eux-mêmes, les sous-produits du métabolisme qui, comme on l'a vu plus haut, conditionnent l'organisation intérieure de la masse vivante, par le fait même de leur existence ont eux aussi des contours, tout comme des cristaux qui apparaissent dans une eau-mère.

Si l'on tient compte encore que, dans la nature, chaque espèce d'êtres, même les plus simples, a sinon sa formule chimique propre, du moins une composition et par conséquent une répartition spécifique de ses matériaux, on arrive à la conclusion qu'elle a aussi sa forme particulière, extérieure et intérieure. Chacune a, en d'autres termes, sa morphologie spéciale.

L'origine des formes s'explique ainsi assez aisément chez les organismes très simples : la forme est une conséquence de la composition intérieure et une réponse aux actions venues du milieu extérieur. Mais le raisonnement peut se poursuivre bien au delà.

La complication de l'organisation entraîne celle des formes et quand, chez les animaux supérieurs, les cellules se groupent en organes, ceux-ci ont leur forme et leur topographie propres ; l'ensemble revêt ainsi un aspect extérieur, déterminé par son contenu, et qui peut présenter des détails infiniment variés.

Organisation et forme sont donc deux notions inséparables et qui marchent de pair dans leurs complications ; elles ont leur origine dans la vie elle-même qui les crée et les modèle ; elles sont toutes deux l'expression de son activité.

Mais les êtres vivants n'ont pas seulement une organisation et une morphologie. Un autre caractère très général et très important, est qu'ils ont aussi une taille spécifique. Le pouvoir de s'accroître, c'est-à-dire de former par assimilation plus de matériaux vivants qu'il ne s'en détruit, est une propriété banale de tout ce qui vit ; mais ce qu'il y a de particulier, c'est que ce pouvoir est limité. Chaque espèce animale a, parmi les caractères qui la distinguent, une taille dont les limites oscillent autour d'une moyenne qu'il est aisé d'établir si on dispose d'un nombre d'individus suffisamment considérable (1).

Quelles sont les causes qui limitent la croissance des êtres. Elles sont multiples et d'ordres divers, les unes immédiates, les autres lointaines. Parmi les premières, la plus importante est le vieillissement, dont la causalité reste obscure malgré les nombreuses recherches dont elle a été l'objet. Il est exact qu'en principe et d'une façon très générale, tout organisme entre dans une période de sénilité qui conduit à la mort, mais il n'est pas douteux non plus que la sénilité ne commence qu'après que la taille définitive a été atteinte ; et on peut légitimement se demander si ces deux phénomènes successifs ne sont pas liés par un rapport de causalité et si le problème de l'arrêt de la croissance ne se confond pas, en grande partie, avec celui des causes de la sénilité.

Il n'y a pas de raison, *a priori*, pour que la taille d'un organisme n'augmente pas indéfiniment ; mais puisque en fait il n'en est pas ainsi, la cause doit être recherchée. Elle l'a généralement été dans des facteurs

(1) Nous faisons naturellement abstraction ici d'un certain nombre d'animaux dont la croissance est *en apparence* indéfinie, comme certains vers par exemple, car il ne s'agit pas là d'une véritable croissance individuelle, mais plutôt d'une prolifération par bourgeonnement.

contingents : « usure », élimination insuffisante des déchets, autointoxication sous les multiples formes qu'elle peut prendre, etc.

Que ces facteurs interviennent, ce n'est pas douteux ; de nombreuses recherches l'ont démontré et la diminution de perméabilité des cellules vieillies, troublant leurs échanges avec le milieu qui les entoure, a été mise en évidence par divers auteurs, notamment par Child.

On a pu il est vrai, chez des Protistes, — êtres unicellulaires — rajeunir par des procédés simples les colonies vieillies et, sinon en perpétuer la vie, du moins la prolonger dans des limites encore indéterminées. Mais les individus de ces colonies, s'ils évitent longtemps, peut-être toujours, la sénilité et la mort, ne continuent pas pour cela de grandir ; leur taille spécifique se maintient, sans plus. Cela indique que si on peut corriger et retarder la vieillesse, on est sans action sur la limite de taille des organismes et que les deux problèmes, malgré leur liaison, ne se confondent pas complètement.

On en arrive donc à la conclusion que la taille doit avoir une cause essentielle, intrinsèque à la matière vivante ; que chaque être la porte en lui, dès le germe dont il est issu, comme un attribut de sa constitution même. Cette notion, dont l'importance n'échappera pas, ne peut être pour le moment que formulée. Elle sera développée et les preuves objectives qu'on peut en donner seront exposées dans un des prochains chapitres de cet ouvrage.

Nous venons d'examiner sommairement et sous une forme quelque peu abstraite, comment se présentent actuellement à l'esprit les notions qui sont à la base de la biologie : substratum matériel de la vie, organisation, morphologie.

Mais n'y a-t-il là qu'une vue de l'esprit, ou s'agit-il vraiment d'un exposé en raccourci de conclusions légitimes de la science ? A la vérité, il y a un peu des deux ; sur un fond objectif solide ont été construites, dans cet exposé, des généralisations que certains estimeront peut-être trop hardies, qui en tout cas attendent encore la sanction des faits.

Le grand concept de l'évolution, qui a imprimé à la pensée scientifique moderne son cachet particulier et dont l'extraordinaire fécondité n'est pas encore épuisée, conduit à admettre que la composition présente du monde organisé sur la terre, est en réalité l'état dernier d'une matière qui, au cours de millions de siècles sans doute, s'est progressivement transformée et compliquée. La petite masse de substances vivantes, sur laquelle nous avons fondé une définition de la vie élémentaire, en fut sans doute l'état premier et l'époque où la terre en était peuplée se perd dans la nuit des temps géologiques. Elle ne se retrouve plus aujourd'hui et les plus infimes microbes ont déjà une organisation bien plus compliquée. Elle n'est pas encore non plus un produit du laboratoire, aucun chimiste n'étant parvenu à la construire ; on connaît bien un certain nombre des pièces dont elle devait se composer mais on ne sait pas les assembler, ou quand on y parvient on ne leur donne pas la vie.

En sera-t-il toujours ainsi ? On l'ignore, et quand on fait à cette question une réponse affirmative, on n'exprime guère qu'un acte de foi dans la puissance de la science et d'espérance dans ses destinées. Nul ne contestera la légitimité de cette confiance, ni qu'elle mérite d'être encouragée, mais il ne faut cependant pas dissimuler que l'être vivant primordial sans organisation ni structure, simple assemblage de substances e t dont les actions coordonnées expriment le rudiment de la vie, n'est encore qu'un être de raison, un postulat, nécessaire parce qu'il est le premier chaînon (perdu peut-être à jamais) de l'évolution du monde vivant.

A partir de lui, à vrai dire, la ligne d'évolution apparaît plus nette et mieux tracée. On trouve encore dans la nature actuelle des êtres dont l'organisation rudimentaire peut utilement servir pour caractériser les premières étapes de la formation d'organismes. Plus loin encore, la même méthode trouve une application de plus en plus aisée, puisque les animaux qui vivent sous nos yeux peuvent être rangés en une série assez régulière de complications et d'organisation croissantes, depuis les Protistes unicellulaires jusqu'aux Mammifères et à l'Homme. Et l'on a dessiné peu à peu, en ajoutant aux êtres vivants actuels les disparus dont la paléontologie a retrouvé les traces dans les époques géologiques passées, un tableau de l'évolution organique qui est, en fait, la projection en profondeur, dans le temps, de ce que nous avons actuellement sous les yeux, dispersé en surface.

Mais on doit reconnaître que tout cela n'a qu'une valeur purement descriptive. Quand on dit, par exemple, que les Mammifères et l'Homme ont comme ancêtre ultime une masse protoplasmique amorphe ou presque, puis qu'au cours de l'évolution cette masse a grandi, s'est compliquée, a « acquis » des structures, des organes, des formes ; que ces formes se sont modelées et remodelées pour devenir enfin ce qu'elles sont aujourd'hui, on exprime une idée très vraisemblable mais on ne fait en réalité que constater les résultats de l'activité vitale, sans qu'il soit même possible de soulever le point de savoir comment ils ont pu se produire. Proviennent-ils de facteurs intrinsèques au protoplasme lui-même, ou bien au contraire est-ce le milieu qui a imprimé sa marque sur la matière vivante et en a provoqué l'évolution ? Ou bien enfin ces deux causes ont-elles agi concurremment, comme certains esprits éclectiques l'admettraient volontiers ?

La décision entre ces alternatives, il faut le proclamer, n'est pas à la portée de la méthode historique appliquée aux grandes énigmes de la biologie, car jamais des preuves scientifiques positives ne viendront étayer ce que la raison a pu construire. Dans ces conditions faut-il vraiment se résigner, se contenter d'une approximation vraisemblable et renoncer à savoir ? Non pas ; il faut chercher ailleurs, et c'est ce qu'on s'est mis à faire.

La complication progressive d'une cellule relativement simple, sa prolifération par croissance, l'apparition en elle et dans celles qui en dérivent d'enclaves et de structures, leur groupement en organes, l'édification lente et progressive d'une conformation intérieure et d'une forme extérieure spécifique, ce sont là des phénomènes qui se déroulent constamment sous nos yeux. Tout organisme adulte quel qu'il soit, l'homme aussi bien que les autres, est le résultat du « développement » d'une germe initial, d'une cellule primordiale, dans laquelle le microscope, aidé des techniques les plus perfectionnées, ne découvre aucune des structures anatomiques et fonctionnelles dont le corps se composera plus tard.

Il n'y a dans ce germe, ni muscles, ni nerfs, ni squelette, pas plus qu'il n'y a de système digestif ou urinaire. Pourtant sa fonction propre est de les édifier, de les créer pièce à pièce grâce à la vie qui est en lui, et il le fait non pas de façon désordonnée mais suivant un ordre défini et conformément à des lois rigoureuses. A chaque génération d'un être, la vie qui est en son germe le construit tout entier et les moyens qu'elle met en œuvre à cet effet, sont susceptibles d'analyse et d'expérimentation. Les matériaux ne manquent donc pas pour l'étude des problèmes soulevés ici, étude qui apparaît concrète, objective et débarrassée des défaillances inévitables de la méthode historique.

Le germe d'un animal quelconque, il faut le répéter, n'est aucunement un raccourci, une miniature de cet animal parvenu à l'état adulte ; il ne le contient qu'en puissance, virtuellement. Certes, ce germe, si simple qu'il soit, n'est plus la masse vivante primordiale et amorphe où se produisent les premières manifestations de la vie. Il est une « cellule » avec un noyau, un cytoplasme pourvu d'enclaves plus ou moins abondantes dont beaucoup sont une réserve de matériaux nutritifs.

Tandis que la masse vivante primordiale n'est qu'un être de raison qui a sans doute existé mais que nous ne connaissons pas parce qu'on ne l'a jamais observé dans la nature (1), la science positive qui étudie les êtres réels que sont les germes a devant

---

(1) Ce n'est pas qu'on n'ait déjà cru la découvrir ; on a déjà décrit plusieurs de ces plasmas primordiaux. Aucun d'entre eux jusqu'ici n'a résisté à la critique.

elle un champ d'études vaste et concret ; elle peut donc attendre, sans impatience, que se réalise dans le laboratoire une synthèse problématique de la vie.

On pourrait objecter que les moyens que le germe met en œuvre pour se structurer, s'organiser, se donner la forme et la taille voulues ne sont peut-être pas ceux qui furent utilisés, au cours des temps géologiques, pendant l'édification de la lignée généalogique de l'espèce à laquelle il appartient.

Mais, s'il en était même ainsi, cela aurait-il une si grande importance ? Nous le pensons d'autant moins qu'en fait on ne le saura jamais ; et d'ailleurs s'il est possible qu'un même résultat final puisse être atteint par des voies dissemblables, il est certain que ces différences ne peuvent être accusées et sont plutôt des variations sur un même thème fondamental. Enfin n'est-ce pas déjà une belle acquisition pour la science et une vive satisfaction pour l'esprit, de connaître et de comprendre la façon dont les choses se passent, quand bien même il serait possible qu'elles eussent pu se passer autrement ? Pour que la science progresse, pour que se conserve entier l'enthousiasme nécessaire aux savants, il ne faut pas que l'inconnaissable ou simplement l'inconnu exerce une tyrannie stérilisante sur ce qui est objet de connaissance.

La science dont le but est l'étude de la constitution du germe des organismes et des processus par lesquels il se développe en un individu nouveau, est l'embryologie. Comme toute autre discipline, elle a passé par deux périodes dans une carrière pourtant assez courte : descriptive d'abord, puis analytique et causale, c'est-à-dire expérimentale. L'embryologie descriptive est déjà avancée, au moins pour certains groupes d'animaux et notamment les Vertébrés. L'embryologie causale, malgré qu'elle soit très en honneur depuis quelques années, n'en est encore qu'à ses débuts. On connaît assez bien aujourd'hui la morphologie d'une foule de germes aux divers états de leur développement, l'enchaînement et la succession des formes internes et externes qu'ils revêtent. Grâce à d'excellentes techniques et aux perfectionnements du microscope, on a pu étudier de très près et décrire fort exactement de nombreux aspects et, en usant largement de la méthode comparative, discerner puis formuler des lois morphogénétiques d'un puissant intérêt.

L'embryologie descriptive — secondée par les découvertes des cytologistes — en nous faisant connaître dans le détail la série des processus qui aboutissent à l'édification d'un être nouveau, en prouvant que ces processus se déroulent suivant des voies strictement déterminées, en montrant enfin par leur succession même le lien qui les enchaîne, a accompli une œuvre de grande importance.

La comparaison des ontogénèses d'espèces ou de groupes voisins et éloignés, en permettant de généraliser sûrement les étapes les plus fondamentales de ce développement et de conclure qu'elles sont l'application de véritables lois morphogénétiques, a élevé cette forme de l'embryologie et l'a mise en bonne place dans la hiérarchie des sciences biologiques. Mais elle a eu un autre résultat encore et qui ne laisse pas d'être fort appréciable : elle a jeté les bases sur lesquelles a pu se fonder l'embryologie causale et lui a, en quelque sorte, tracé son programme. L'embryo-

logie descriptive, par la nature même des méthodes
qu'elle emploie, constate, par l'observation directe,
l'apparition, puis la complication progressive de structures, d'organes, de formes ; elle peut voir tout ce
qui se passe, pour autant que cela soit appréciable
sous le microscope ; mais les causes immédiates, les
mouvements internes de la vie qui s'expriment par
là, lui échappent forcément. Elle saisit les manifestations extérieures de l'activité du germe et de l'embryon, mais leurs sources profondes lui restent dissimulées.

Enfin, et ceci est plus important encore, en mettant
en lumière comment se produit l'évolution d'un germe
ou de ses diverses parties quand il est abandonné à
lui-même, dans les conditions normales de son développement, elle laisse entièrement dans l'ombre la
question de savoir si ses potentialités sont de ce fait
épuisées ; si, dans d'autres conditions, les choses ne
se passeraient pas autrement ; si à côté des énergies
qui se dépensent il n'y en a pas d'autres, latentes
ou contenues en puissance et qui restent cachées
parce que l'occasion ne se présente pas pour elles de
se manifester.

L'embryologie descriptive et comparative a dû,
avant tout, rechercher pour les faits qu'elle découvrait
des explications historiques, basées sur l'évolution des
êtres organisés et n'a pu que rapprocher, parfois avec
une audace que justifiait à peine l'importance du
sujet, mais souvent aussi avec une incontestable vraisemblance, les étapes actuelles du développement d'un
organisme, de celles par où avait dû passer sa lignée
généalogique.

L'embryologie analytique ou causale, elle, s'est

donnée pour tâche de rechercher, non plus les causes historiques, mais bien les causes actuelles, immédiates, du développement embryonnaire. Peu importe, pour elle, que ces causes se soient lentement constituées et accumulées au cours des âges, ou que tout germe les ait possédées toutes données, par le fait même de son existence ; l'essentiel est qu'elles sont en lui, qu'elles agissent sous nos yeux. C'est à elle qu'incombe la recherche du jeu intime des facteurs dont la source est dans la vie et dont l'aboutissant est l'organisation et l'établissement des formes. Elle considère le développement d'un organisme comme une « fonction » du germe, au sens que les physiologistes attachent à ce mot quand ils analysent, par l'expérience, la fonction digestive, ou respiratoire, ou toute autre, et comme eux, elle utilise toutes les méthodes qui sont en son pouvoir.

Voyant la vie du germe se montrer créatrice des formes, des organes et des structures anatomiques, elle veut savoir d'aussi près que l'esprit humain peut e saisir, dans quelles conditions et par quels moyens tout cela se crée. Elle a pour but, en un mot, de soumettre à la critique expérimentale et de développer, le cas échéant, le tableau abstrait de l'évolution des formes qui a été tracé dans les premières pages de ce livre.

Ainsi comprise, elle est un chapitre de la physiologie, mais un chapitre essentiel, car il contient l'une des grandes énigmes de la vie ; sa méthode est aussi celle de la physiologie, c'est-à-dire avant tout l'expérience sous toutes ses formes, depuis la vivisection ou mieux la microvivisection, jusqu'à l'analyse chimique et la mesure physique. Les résultats déjà

acquis sont si encourageants et il règne tant d'enthousiasme parmi les chercheurs qui s'y consacrent, que
le moment semble venu de faire connaître à un public
plus vaste que le monde des spécialistes les raisons
d'une si belle ardeur au travail.

CHAPITRE II

NOTIONS DESCRIPTIVES ET EXPÉRIMENTALES PRÉALABLES

Puisque c'est la vie créatrice des structures et des formes qui est envisagée ici, un rappel de ce que sont celles-ci dans la réalité concrète est une nécessité préalable ; mais il est bien évident qu'il n'y a pas lieu de les passer toutes en revue. Dans le règne animal, le seul dont il sera question parce qu'il offre le plus large champ d'études, elles sont infiniment nombreuses et variées ; les espèces actuellement vivantes se comptent par milliers et chacune a sa forme propre ; c'est à la zoologie qu'incombe le soin de les décrire et de les grouper. Pour le but que nous nous proposons, il suffit de faire un choix basé sur la nature des questions qui seront abordées et des matériaux qui ont été le plus fréquemment et le plus fructueusement utilisés.

Il y a d'ailleurs une première délimitation qui s'établit d'elle-même, et elle est, comme on va le voir, très importante. Tous les animaux, en somme, manifestent leur vie par les mêmes fonctions ; tous présentent les mêmes systèmes d'organes qui ne diffèrent d'un groupe à l'autre que par leurs rapports et les degrés de leur complication : tous les animaux respirent, digèrent, sentent et répondent aux excitations, excrètent, se meuvent, se reproduisent. La structure microscopique des éléments qui composent les organes de ces systèmes est sinon identique, du moins analogue partout. Il vaut donc mieux, surtout dans une science qui en est encore à ses débuts, en étudier les origines dans quelques types bien choisis pour des raisons de simple commodité, plutôt que de disperser l'effort sur une plus grande variété de formes et de risquer de voir des détails accessoires nuire à la connaissance de l'essentiel.

Aussi l'embryologie causale, pour aborder les grands problèmes généraux, a-t-elle ses matériaux de prédilection, tout comme les physiologistes ont leurs animaux de laboratoire. Ce sont surtout un ou deux Echinodermes, des Cténophores, quelques Mollusques et, parmi les Vertébrés, les Amphibiens urodèles et anoures. Ils ont l'avantage d'être abondants, de se bien prêter à l'observation et à l'expérimentation, et surtout d'être les mieux connus grâce aux recherches dont ils ont déjà été l'objet.

On a parfois reproché aux embryologistes expérimentateurs cette limitation étroite des objets de leurs travaux ; on a dit qu'ils excluaient ainsi la possibilité de généraliser leurs résultats à l'ensemble du règne animal. Cette critique n'est pas justifiée, car une généralisation, dans quelque science que ce soit, est toujours une hypothèse qui demande vérification. On a le droit de la faire en embryologie causale comme ailleurs car, comme nous le disions plus haut, les fonctions vitales sont essentiellement les mêmes partout et l'on doit s'attendre à ne trouver entre les divers groupes animaux que des variantes, intéressantes et souvent instructives sans doute, mais se mouvant dans un cadre uniforme.

Les embryologistes expérimentateurs ont aussi encouru le reproche, il y a quelques années surtout, de ne pas assez se préoccuper de la position systématique des organismes sur lesquels ils expérimentaient, c'est-à-dire de leur degré d'évolution phylogénétique. Cette objection a beaucoup moins de valeur que la première, car outre que ce degré d'évolution est une pure hypothèse, il n'a en lui-même, dans la recherche des causes immédiates du développement, aucune importance ; on en aura des preuves dans la suite. J'ajoute même que les animaux très évolués, dont les systèmes d'organes sont complexes et bien définis, permettent, dans l'état actuel des techniques, une sécurité plus grande dans l'expérimentation et dans l'interprétation, que les animaux inférieurs, d'organisation plus vague et moins différenciée. C'est donc par eux qu'il faut commencer ; les autres viendront après, en parachèvement de l'œuvre ébauchée.

Nous allons donc passer très rapidement en revue quelques notions bien établies d'embryologie et de cytologie descriptives, indispensables pour l'intelligence des données expérimentales.

Précisons d'abord ce qu'il faut entendre par le mot « germe » dont nous nous sommes exclusivement servi jusqu'ici. Par définition, c'est l'élément vivant indifférencié, souche d'un organisme nouveau. Mais la zoologie enseigne qu'il y a des germes de diverses espèces, comme il y a plusieurs modes de reproduction des animaux et on va voir, qu'ici encore, nous serons amenés à faire un choix.

Tout le monde sait que les organismes se reproduisent selon deux grands types, la génération agame et la génération sexuée. Ces deux types diffèrent essentiellement par leurs caractères morphologiques comme par leur degré de généralité. La première se présente dans la nature sous une grande variété d'aspects, n'existe guère que chez les animaux inférieurs, et même pas chez tous ; la seconde est au contraire d'une impressionnante uniformité dans ses caractères et c'est par elle que l'immense majorité des espèces animales, sinon toutes, se maintiennent à la surface du globe.

Dans la vie individuelle, la génération agame apparaît le plus souvent comme un épisode, soit à l'occasion de la formation de colonies, soit à d'autres moments, sous l'influence de conditions extérieures ou intérieures fort mal connues. A un moment donné, une cellule parfois, le plus souvent un groupe de cellules ou une partie du corps s'isolent, prennent une forme particulière : bourgeons, gemmules, etc., qui s'accroissent, se différencient et donnent naissance à un organisme nouveau qui reste ou non en continuité avec la souche. Quand on étudie l'ensemble des modalités sous lesquelles se manifeste la génération agame, on constate qu'elles se relient en une série continue qui se confond vers le haut avec la régénération, c'est-à-dire avec le pouvoir qu'ont certains animaux de se compléter après amputation d'une partie plus ou moins considérable de leur corps, et qui vers le bas se rapproche de la parthénogénèse, c'est-à-dire de la formation d'un être aux dépens d'un œuf sans intervention préalable d'une fécondation. Or la parthénogénèse est un mode particulier, rare mais important, de la génération sexuée.

D'autre part l'analyse que nous ferons des propriétés de l'œuf fécondé, donnera une explication très rationnelle des phénomènes de la régénération les plus élémentaires mais aussi les plus significatifs. Dès lors les germes de la génération agame, quels qu'ils soient, perdent une partie de leur intérêt en tant que matériaux de recherches pour l'étude de la génération dans son ensemble ; comme les germes sexués sont d'un maniement infiniment plus commode, comme ils sont aussi plus répandus et plus abondants dans un même individu, comme ils contiennent en eux tous les éléments du problème de l'origine actuelle des animaux et par conséquent de la pérennité de la vie, on conçoit que ce soit sur eux que tous les efforts aient porté.

Le principe de la disjonction des êtres en mâles et en femelles (1) est une complication de la génération dont l'origine phylogénétique est introuvable et dont la cause immédiate est encore fort obscure. Elle joue un trop grand rôle dans les questions dont nous allons traiter pour que nous n'en disions pas quelques mots à titre d'entrée en matière.

Les mâles forment dans leurs organes génitaux des spermatozoïdes, les femelles des œufs. Le germe véri-

---

(1) Il y a, il est vrai, des espèces hermaphrodites, c'est-à-dire contenant des éléments sexuels des deux sexes. Leur déterminisme encore très obscur est en dehors du cadre que nous nous sommes tracé. L'essentiel est d'ailleurs de constater que leur germe est aussi un œuf fécondé, car chez eux la disjonction des produits sexuels a exactement la même importance que partout ailleurs.

table, point de départ d'un organisme nouveau, résulte de l'union d'un spermatozoïde et d'un œuf. Cette union s'appelle la fécondation et le germe est un œuf fécondé. Celui-ci possède en lui les matériaux et les sources d'énergie qui lui permettront de croître, de se diviser, de se différencier et d'acquérir les formes définitives de l'animal adulte.

Le spermatozoïde et l'œuf méritent-ils tous deux, avant leur union dans la fécondation, le nom de « germe » qui implique un ensemble de propriétés morphogénétiques ? Il sera démontré dans un prochain chapitre, que cette question doit être résolue par l'affirmative pour l'œuf, par la négative pour le spermatozoïde. Les deux sexes ne sont donc pas équivalents au point de vue de leurs potentialités et cette inégalité augmente encore l'intérêt du phénomène de la fécondation.

Mais laissons ce point de côté pour le moment et revenons-en à la disjonction des sexes. Les caractères spécifiques des organes génitaux sont naturellement fondamentaux, primaires ; les caractères extérieurs souvent très marqués qui distinguent les mâles des femelles, sont dits secondaires. Chez beaucoup d'animaux ils semblent faire défaut, mais ce n'est peut-être qu'apparent. On a vu, notamment chez certains Poissons, des caractères sexuels secondaires en des endroits où on ne s'attendait guère à les trouver, le rein par exemple, et ces caractères sont très marqués à l'époque du rut ; ils peuvent donc être dissimulés et parfois même ne se traduire que par des particularités du métabolisme, sans retentissement sur la conformation du corps.

Quoi qu'il en soit, ce n'est pas un déterminisme

unique qui règle l'apparition des caractères primaires
et secondaires. Ceux-ci, relativement tardifs, puisqu'ils
ne se manifestent qu'à l'époque de la puberté, sont
provoqués par le déversement dans l'organisme d'un
produit (hormone) formé dans l'organe génital lui-
même, testicule ou ovaire, et probablement, chez les
mammifères tout au moins, dans une partie spécialisée
de cet organe à laquelle on a donné le nom de glande
interstitielle (1).

Quant aux caractères primaires, le voile qui recou-
vrait leur cause immédiate commence à se soulever,
bien qu'il reste encore beaucoup d'inconnues. Nous ne
pouvons en dire ici que quelques mots parce que le
sujet est trop vaste, trop complexe aussi, pour pouvoir
être traité dans ce livre avec l'ampleur nécessaire.

Il a été noté plus haut que le mot de germe, avec sa
signification réelle, ne s'applique pas au spermatozoïde
mais à l'œuf seul. Or, il résulte d'un grand nombre de
recherches cytologiques récentes, que cette infériorité
relative de l'élément mâle est compensée, au moins en
partie, par une propriété assez inattendue. C'est lui
qui déterminerait, par la fécondation, le sexe de l'individu qui naîtra du développement de l'œuf. Il a été
démontré en effet de façon positive, chez des représentants variés des divers groupes du règne animal,
notamment chez des Insectes, mais aussi parmi les

---

(1) Cette question a soulevé et soulève encore de vives discussions. On ne doute plus que l'origine de l'hormone sexuelle
soit dans l'organe génital, mais certains auteurs se refusent à la
localiser dans la glande interstitielle. Personnellement, j'estime
que Bouin, Ancel et leurs élèves ont apporté, en faveur du rôle
de la glande interstitielle, des observations qui sont d'une grande
valeur démonstrative.

Vertébrés, chez les Reptiles, les Mammifères et même l'Homme (de Winiwarter), qu'il se forme dans le testicule deux catégories de spermatozoïdes, en nombre égal, différant l'une de l'autre par la composition de leur noyau. On sait que dans tous les noyaux cellulaires, l'élément le plus caractéristique, auquel on a donné le nom de chromatine, présente à certaines phases et notamment au moment où la cellule se divise, une organisation et même une conformation définies. Elle apparaît sous forme de filaments, en nombre constant pour chaque espèce animale, si nets et si caractéristiques qu'on leur a donné le nom de *chromosomes*. Or, dans les cas typiques et simples où la question se présente clairement, on a observé que le nombre des chromosomes contenu dans les noyaux des individus mâles et femelles, et spécialement dans les cellules des organes génitaux qui sont la souche des spermatozoïdes ou des œufs, n'est pas le même. Chez la femelle, le nombre en est pair, 24 par exemple ; chez le mâle, il y en a un de moins, et le nombre en est par conséquent impair : 23 dans l'exemple que nous avons choisi.

Suivons maintenant le développement de ces cellules souches en leurs produits définitifs ; cela nous fera connaître, en même temps qu'un facteur probablement essentiel de la sexualité, une évolution de la chromatine absolument spécifique des cellules sexuelles, d'une portée générale pour tous les êtres vivants et dont l'importance est par conséquent capitale : nous voulons parler de la réduction chromatique. Elle a été découverte, il y a longtemps déjà, en 1884, par Ed. Van Beneden et ses observations ont été confirmées par tous ceux qui l'ont suivi dans cette voie. Elle n'est connue que descriptivement, mais si sa causalité immédiate échappe encore, sa signification profonde ne s'en impose pas moins à l'esprit.

Les cellules souches des spermatozoïdes et des œufs, dans le testicule et l'ovaire, s'appellent respective-vement spermatogonies et oogonies. Elles prolifèrent et, à chaque division, présentent dans leur noyau le nombre caractéristique des chromosomes de l'espèce, par exemple 23 chez le mâle (fig. 2), 24 chez la femelle. A un moment donné cette multiplication s'arrête et un certain nombre des spermatogonies et des oogonies de dernière génération vont se préparer à former les produits sexuels définitifs, c'est-à-dire à subir ce qu'on a appelé, d'une façon très générale, la maturation.

Fig. 2.

Spermatocyte dont le noyau contient 23 chrmosomes.

Dans les deux cas, la noyau subit des transformations particulières, assez compliquées et dont la description nous entraînerait trop loin, sans nécessité. Toujours est-il que quand cette évolution est achevée, la cellule sexuelle, qu'on désigne alors sous le nom de spermatocyte ou d'oocyte, se divise en deux. Mais tandis que dans une division ordinaire chaque chromosome du noyau se fend en deux moitiés qui se répartissent dans les cellules-filles et leur donnent par conséquent le formule chromosomiale de la cellule-mère, dans la division de maturation il n'en est pas ainsi. Dans l'oocyte, les 24 chromosomes de l'exemple choisi, se répartissent en 2 groupes de 12 et chacun de ces groupes, vient composer le noyau d'une des cellules-filles. Celui-ci est donc, au point de vue chromosomial, *réduit de moitié*. Dans le spermatocyte, les

23 chromosomes se rassemblent aussi en deux groupes, l'un de 12 et l'autre de 11 (fig. 3). Ici aussi il y a donc réduction, mais les deux spermatocytes-fils sont de deux sortes et en nombre égal. On appelle hétérochromosome l'élément supplémentaire que possède l'un des deux. A cette première division, réductionnelle, en succède toujours une seconde, mais qui se fait suivant le mode ordinaire : les chromosomes du noyau

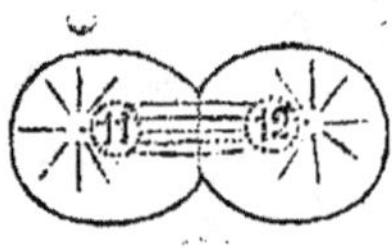

Fig. 3. — Première division de maturation des cellules sexuelles mâles : l'une des cellules contient dans son noyau 12 chromosomes, l'autre 11.

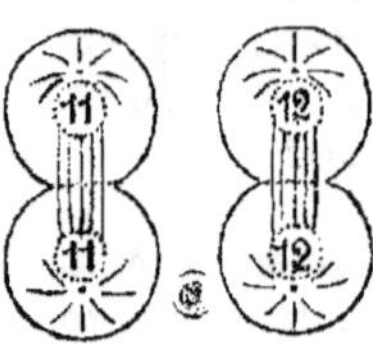

Fig. 4 — Seconde division de maturation des cellules sexuelles mâles. Des 4 cellules formées, 2 renferment 12 chromosomes et 2 n'en ont que 11.

se coupent en deux moitiés dont chacune ira former le noyau de la 'cellule-fille ; il n'y a plus de réduction (fig. 4).

Ainsi se forment dans les deux sexes, aux dépens de chaque oogonie ou spermatogonie, quatre cellules mûres : œufs ou spermatozoïdes. Dans le sexe femelle chacune d'entre elles a 12 chromosomes ; dans le sexe mâle deux en ont 12 également, deux n'en ont que 11. Nous verrons plus loin les particularités très importantes qu'offre la maturation dans les œufs, mais elles sont indépendantes de la formule chromosomiale qui seule nous intéresse en ce moment,

Que va-t-il se passer lors de la fécondation ? Celle-ci consiste dans la fusion d'un spermatozoïde avec un œuf mûr, et on aperçoit tout de suite qu'il devra y avoir deux catégories d'œufs fécondés, théoriquement en nombre égal. Si un œuf, qui a toujours 12 chromosomes dans l'exemple abstrait sur lequel nous basons cette description, est fécondé par un spermatozoïde qui en apporte le même nombre, l'œuf fécondé — on l'appelle souvent le zygote — les incorporera dans son noyau qui contiendra dès lors 24 chromosomes, formule caractéristique du sexe femelle ; s'il l'est par un spermatozoïde à 11 chromosomes, le zygote en contiendra 23 et pourra de ce chef être caractérisé comme mâle. Si rien ne change au cours du développement embryonnaire, les zygotes mâles et femelles donneront des adultes du même sexe et le déterminisme de la sexualité aura reçu une explication cytologique remarquablement claire.

La description qui vient d'être faite s'applique à quelques cas connus (l'homme probablement) ; ce sont les plus simples. Il en est d'autres plus compliqués, qu'on peut cependant sans trop de difficultés faire entrer dans le même cadre. Mais pour une foule d'autres ce cadre est manifestement trop étroit, et cela impose l'idée que si la formule chromosomiale peut être un excellent indicateur dans l'étude des causes de la sexualité, d'autres facteurs interviennent qui rendent la question beaucoup plus complexe.

S'il était vraiment démontré qu'il existe des cas où le dimorphisme chromosomial porte sur les œufs tandis que les spermatozoïdes sont uniformes, ce serait à coup sûr intéressant, mais cela n'aurait en réalité rien de contradictoire ; d'autres complications sont bien plus graves. On n'a pas trouvé partout d'hétérochromosomes ; ce n'est là évidemment qu'une objection de valeur assez relative, car des détails cytologiques d'une observation aussi délicate ont pu passer inaperçus. Mais ce qui est plus important, c'est d'abord l'existence d'individus hermaphrodites et « d'intersexués », qui sont véritablement une mosaïque de caractères mâles et femelles ; ce sont des recherches sur le développement des organes génitaux des Amphibiens, concluant à la possibilité d'un changement de sexe au cours de l'ontogénèse ; ce sont enfin des observations sur la sexualité des Oiseaux, connues depuis longtemps déjà mais qui, soumises dans ces dernières années à une analyse expérimentale méthodique, ont démontré entre autres choses que l'enlèvement de l'ovaire à une poule peut provoquer chez elle l'apparition d'un testicule et lui conférer les caractères d'un coq (Benoit) (1).

Tous ces faits que nous devons nous borner à énumérer, laissent supposer que la formule chromosomiale n'est pas seule agissante, qu'elle est peut-être une conséquence plutôt qu'une cause, qu'elle peut subir des modifications ; des facteurs hormoniques jouent probablement un rôle bien plus considérable (Pézard).

Les origines et la causalité de la sexualité n'ont donc encore été qu'entrevues dans l'état actuel de la science ; elles restent à l'ordre du jour et l'activité avec laquelle on les scrute autorise tous les espoirs.

---

(1) Le déterminisme de la sexualité des oiseaux a fait, dans ces dernières années, l'objet de remarquables travaux dus à Pézard et à ses collaborateurs, Sand et Caridroit.

Nous n'avons examiné jusqu'ici qu'un des aspects de la formation des produits sexuels et de la fécondation ; il en est d'autres, tout aussi essentiels, que nous allons rapidement passer en revue.

Une étape de cette formation est particulièrement caractéristique et semble aussi spécifique que l'évolution du noyau : c'est la période d'accroissement. Elle est d'autant plus intéressante qu'elle se présente très différemment dans les deux sexes.

Comme le nom l'indique, pendant la période d'accroissement les cellules grandissent, augmentent de taille. Elles puisent donc dans le milieu où elles vivent, dans le sang et la lymphe qui baignent le testicule et l'ovaire, des matériaux qu'elles incorporent à leur substance en les transformant.

Dans les cellules mâles, la croissance de la cellule entière s'accomplit pendant que se prépare dans le noyau la réduction numérique des chromosomes qui en marquera l'achèvement. Elle y est brève, peu importante ; sans doute la cellule grossit, mais c'est à peine si elle double son volume. Aussi les quatre spermatozoïdes qui procèdent d'une même cellule souche sont-ils très petits, sans enclaves ; ils n'ont qu'à s'allonger et s'étirer pour prendre leur forme définitive de minces cellules munies d'un long fouet, dont

Fig. 5. — Un spermatozoïde vu à grossissement moyen.
La tête, lancéolée, représente le noyau.

les vibrations provoquent la progression active dans le milieu (fig. 5).

Il en est tout autrement dans les œufs. Les cellules

souches commencent aussi par grandir un peu, comme chez le mâle et pendant ce temps, tout comme dans

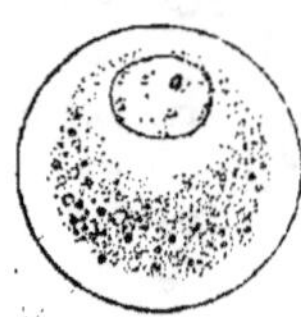

Fig. 6.

Un œuf au début de sa période d'ac- croissement.

l'autre sexe, le noyau se prépare à la réduction ; mais à cette phase de petit accroissement en succède une autre, de longue durée et d'une importance bien plus consi- dérable. Sans se diviser, et tout en restant fixé à l'ovaire, l'œuf de- vient le siège d'un métabolisme actif et très spécial ; c'est comme une sorte de mise en charge qui ne s'arrête qu'au moment où les divi- sions de maturation vont s'effectuer (fig. 6 et 7).

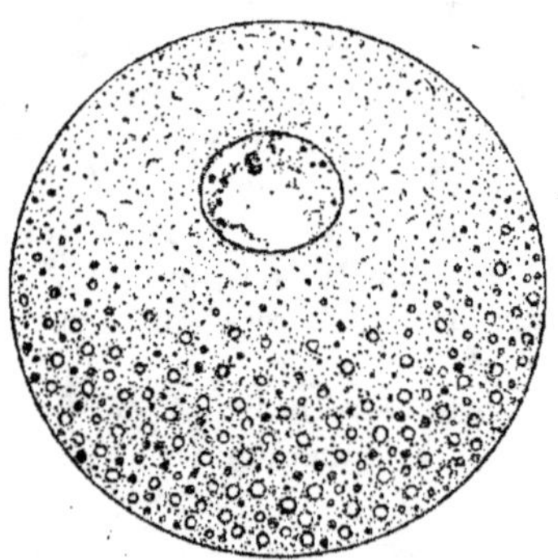

Fig. 7. — Type d'œuf au terme de son accroissement. Son noyau est une vésicule turgescente. Dans le cytoplasme, les grosses enclaves occupent l'hémisphère inférieur.

Essentiellement perméable pendant tout ce temps. il se laisse pénétrer par des matériaux variés venus de l'extérieur : eau, sels en faible proportion, albumines diverses, hydrates de carbone, etc... Absorbés dans le corps cellulaire, ils sont saisis par le travail constructif et destructif de la vie et y sont remaniés ; les produits de ce remaniement se déposent dans le cytoplasme, les uns sous forme d'enclaves figurées (graisses, lipoïdes, lécithines etc...) de forme et de constitution variables selon les espèces animales, tandis que d'autres restent en solution ou forment les micelles d'un système colloïdal. Or, rien de tout cela n'est rejeté au dehors, sauf peut-être quelques déchets et un peu de CO_2 ; tout se dépose au contraire, se stratifie suivant les lois de la pesanteur, quand celle-ci peut s'exercer librement dans ce milieu dont la viscosité est variable, où les mélanges colloïdaux subissent de multiples changements de phases, où les conditions physiques se modifient en fonction du travail chimique qui s'effectue.

Pendant longtemps cette vie intense se poursuit ainsi, mais à un moment donné, elle se ralentit puis s'arrête complètement. Un état d'équilibre s'établit dans l'œuf ; il continue à ne rien excréter, mais il n'emprunte plus rien non plus au milieu organique où il vit. Il s'est imperméabilisé, probablement par un simple changement de phase ou de constitution des colloïdes qui composent sa couche corticale.

L'œuf cesse donc de croître ; par le jeu même des activités vitales dont il a été le siège jusqu'alors, il a atteint sa taille définitive et presque tout son métabolisme interne s'arrête.

Dans un certain nombre de cas, c'est en cet état qu'il se détache de l'ovaire et qu'il est pondu, soit dans les voies maternelles, soit à l'extérieur ; si rien n'intervient, c'est-à-dire s'il n'est pas fécondé ou si un acte équivalent ne le fait pas sortir de l'état d'inertie où il s'est engagé, il meurt, au bout d'un temps plus ou moins long. Cette mort inévitable s'explique de façon très simple. Son inertie en effet n'est pas absolue, il consomme encore un peu d'oxygène, suffisant pour un métabolisme ralenti ; mais comme tout se passe désormais en vase clos, comme aucun déchet ne s'élimine avec une rapidité suffisante, une intoxication rapidement mortelle s'ensuit. Peut-être d'autres causes encore agissent-elles, mais elles sont mal établies et surtout fort imprécises.

Cependant l'arrêt de la croissance ne s'accompagne pas toujours immédiatement de l'inertie presque totale de l'œuf ; il est des cas nombreux où par ses seules forces, il dépasse quelque peu ce stade et subit alors, complètement ou incomplètement, les deux divisions successives qui marquent, comme dans la spermatogénèse, l'achèvement complet de la maturation.

Pour que l'œuf puisse entrer dans cette voie, il semble qu'une condition essentielle doive être réalisée ; cette condition est sans doute le terme ultime du métabolisme accumulatif qui s'est poursuivi pendant toute la croissance. Nous allons essayer de la dégager de l'ensemble des données connues.

Si on suit les faits tels qu'ils apparaissent sous le microscope, on voit que dès le début de la période de grand accroissement, le noyau de l'œuf prend un aspect spécial. Limité vis-à-vis du cytoplasme par une sorte de membrane bien visible, il gonfle, devient une vésicule volumineuse, à laquelle les anciens embryologistes, qui la connaissaient bien, ont donné le nom de vésicule germinative. Le liquide qui la remplit est de l'eau, tenant en suspension ou en solution des substances organiques, protéiques et sans doute aussi des sels. La membrane nucléaire n'est sûrement qu'une ligne de séparation entre deux phases différentes du contenu cellulaire (fig. 7).

Cette disposition persiste jusqu'à la fin de la croissance. Alors lui succède l'indice le plus sûr de l'entrée en maturation : la disparition de la membrane nucléaire et la diffusion du contenu de la vésicule dans le cytoplasme voisin : en d'autres termes l'équilibre qui maintenait en simple contact le nucléoplasme et le cytoplasme se rompt : les deux plasmes se mélangent ou tout au moins de nouvelles relations d'ordre physique et chimique s'établissent entre eux, changeant la répartition des matériaux de l'œuf entier et ouvrant à son activité de nouvelles possilibités.

On possède, à l'heure actuelle, des indications très précises sur le déterminisme de cette entrée en maturation. Chez l'étoile de mer par exemple (Asterias) les œufs ayant atteint leur taille définitive conservent intacte leur vésicule germinative bien turgescente et sont inertes tant qu'ils sont dans l'ovaire. Pondus normalement dans de l'eau de mer, non seulement ils entrent en maturation, mais ils peuvent même l'achever. L'idée vient naturellement que ce sont l'oxygénation, l'alcalinité et les sels contenus dans l'eau de mer qui provoquent la mise en marche du processus et lui permettent d'aller jusqu'au bout. Or, les sels métalliques de l'eau de mer sont des chlorures de calcium, de magnesium, de potassium et de sodium en proportions définies. Tous ces éléments existent aussi dans le corps de la mère, dans le milieu où baignent les œufs ovariens, mais ils n'y sont pas dans les mêmes proportions. Or, il suffit chez l'astérie d'augmenter un peu la teneur en calcium de l'ovaire, en le plongeant dans une solution soigneusement dosée de chlorure de calcium, pour qu'au bout d'une heure, toutes les vésicules germinatives aient disparu et aient mêlé leur suc au cytoplasme (Dalcq). La pénétration dans l'œuf d'une trace minime de calcium suffit donc à déclencher un processus fondamental pour la vie et le développement d'un organisme.

On ne peut pas généraliser à tous les œufs cette action du calcium et la considérer comme spécifique. Dans certaines formes, c'est un déficit d'un autre métal qu'il faut combler, le potassium par exemple. Mais le fait essentiel n'en reste pas moins qu'un œuf inerte entre dans une nouvelle phase de son activité par l'introduction, dans sa substance, de quelques ions métalliques qui lui faisaient défaut. Tout le travail intérieur était arrêté par ce déficit ; la remise en marche se fait dès qu'il est comblé.

On saisit bien par là la délicatesse extrême du complexe physico-chimique qu'est le protoplasme et l'importance d'un réglage exact de ses relations avec le milieu extérieur. Quel rôle joue dans l'œuf d'astérie le calcium qui y est introduit ? Agit-il comme un catalyseur, change-t-il les conditions électriques du système, déplace-t-il des rapports établis entre les éléments ? On l'ignore encore, mais ces actions ne s'excluent pas ; toutes sont possibles et même vraisemblables.

L'entrée en maturation n'est qu'un prélude ; elle doit comme dans le sexe mâle être suivie de deux divisions successives aboutissant à la formation de quatre cellules sexuelles. Nous venons de voir des cas où l'inertie de l'œuf s'est déjà affirmée au moment de l'entrée en maturation. Il en est d'autres où, sans changement de milieu, l'œuf n'entre en vie latente que plus tard : quand la 1re division se prépare, ou plus tard encore, au début de la seconde, ou enfin, mais c'est plutôt rare, après que les deux divisions se sont achevées. Cette gamme de variations est non seulement intéressante, mais aussi d'une grande utilité pour l'analyse des conditions grâce auxquelles elles se réalisent. Avant d'en parler, il est nécessaire de rentrer un instant dans le domaine de la morphologie, et de signaler l'allure très spéciale que prennent dans l'œuf les divisions de maturation. Ce sont de vieilles notions sans doute, mais il faut bien les rappeler avant de tenter d'en donner une explication causale.

Chez le mâle, la cellule spermatique souche, en même temps que son noyau évolue comme il a été indiqué plus haut, se divise en deux cellules de même taille, puis chacune d'elles se divise également à son tour et les quatre cellules ainsi formées se transforment en quatre spermatozoïdes.

Chez la femelle il en est tout autrement. Dans l'œuf qui a atteint le terme de sa croissance, et qui est toujours une très grosse cellule (fig. 7), en général régulièrement sphérique, tous les aspects, très compliqués au point de vue de la cytologie descriptive, qui accompagnent les deux divisions de maturation, sont localisés à une zone bien limitée, siégeant dans la région du pôle opposé à celui où se trouvent accumulées les enclaves deutoplasmiques et que pour cela on appelle le pôle supérieur. La plus grande partie de l'œuf semble ne prendre aucune part, ou tout au

moins ne jouer qu'un rôle tout à fait accessoire dans
le processus : il en résulte que si les divisions nuclé-
aires sont parfaitement égales, les divisions du cytoplasme ne le sont pas.

L'une des cellules-filles est toute petite, n'entraîne
vraiment qu'une étroite bande de la substance polaire, l'autre, l'œuf proprement dit, diminue à peine
de taille (fig. 8). Après la 1re division de maturation,

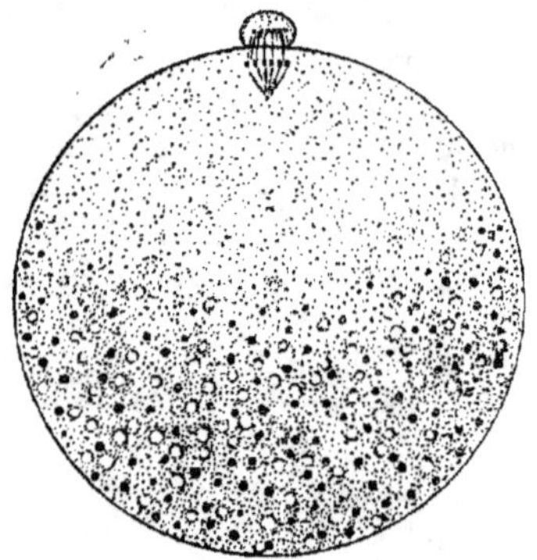

Fig. 8. — Première division de maturation de l'œuf.

la cellule rudimentaire se divise aussi comme l'œuf
lui-même une seconde fois ; il en résulte bien encore
aux dépens de la cellule-œuf souche, la production de
quatre cellules, mais trois d'entre elles ne sont pour
ainsi dire que des vestiges qui ne tardent pas à dégé-
nérer et à mourir ; ils apparaissent au microscope
comme de petits corpuscules appelés par tous les auteurs, en raison de leur position, globules polaires. La
4e au contraire, l'œuf mûr à proprement parler, bien
qu'ayant le même noyau, la même formule chromo-

somiale que ses congénères, a conservé à peu près le volume de la cellule souche, et la presque totalité du cytoplasme et de ses enclaves (fig. 9).

Nous examinerons dans un prochain chapitre les causes probables de cette inéquivalence, dans la mesure où elles nous sont connues. Ici nous rechercherons seulement les facteurs qui agissent pour que les manifestations de la maturation s'achèvent.

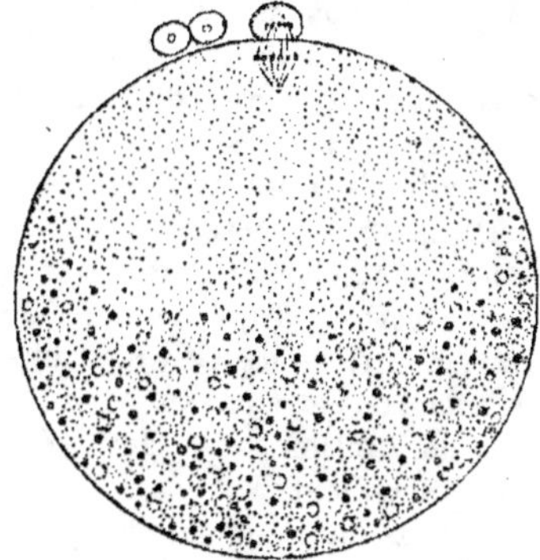

Fig. 9. — Seconde division de maturation de l'œuf.
Le premier globule polaire s'est déjà divisé en 2 très petites cellules.

On a vu plus haut l'influence de la teneur en calcium de l'œuf d'astérie sur ce que nous appellions l'entrée en maturation. Le seul fait qu'on rencontre dans la nature des œufs qui s'arrêtent, deviennent inertes aux étapes ultérieures de la maturation, semble déjà indiquer que le facteur qui la déclenche peut être impuissant pour l'achever, et dès lors diverses possibilités s'offrent à l'esprit, entre lesquelles il appartient à l'expérience de faire un choix.

Dans l'œuf d'astérie, l'agent nécessaire n'est pas une augmentation progressive de la teneur en calcium, car si on laisse l'œuf dans la solution calcique qui a amené la dislocation de sa vésicule germinative, il ne tarde pas à mourir sans aller plus loin. Après avoir été utile, le calcium devient donc nocif. Ce seul fait est une admirable démonstration de l'extrême délicatesse des manifestations de la vie et des difficultés qu'offre leur analyse physico-chimique.

Pour que l'œuf d'astérie puisse mûrir complètement, il faut donc que l'action du calcium soit corrigée à temps ; ce qui a été déclenché par elle, doit dès lors être orienté dans une voie nouvelle. On pense tout naturellement à l'intervention des autres sels de l'eau de mer, dont chacun aurait son action propre aussi, et à un certain degré, antagoniste des autres. L'expérience montre qu'il en est bien ainsi : un dosage exact des quatre sels contenus dans l'eau de mer permet à la maturation de se mettre en marche et de s'achever régulièrement.

On voit par ces faits que des changements minimes dans la composition de l'œuf, la pénétration de quelques ions métalliques mono ou bivalents, peuvent provoquer et diriger en lui des manifestations morphologiques importantes, très aisément visibles et grosses de conséquences. Le milieu interne est trop complexe, l'analyse trop délicate pour qu'on ait pu déterminer la signification physico-chimique de ces changements. On n'en possède encore que quelques éléments, mais personne ne doutera que ce qu'on en sait aujourd'hui incitera à de nouvelles recherches. Elles montreront probablement que l'astérie n'est qu'un cas particulier d'un ordre de causalité très général, que la qualité et la quantité des agents indispensables ne sont pas partout les mêmes, mais aussi que dans tout œuf des conditions physico-chimiques, déterminables par l'expérience, sont nécessaires non seulement pour qu'il s'accroisse, mais encore, pour qu'arrivé au terme de sa croissance il achève de mûrir.

CHAPITRE III

INERTIE ET ACTIVATION DE L'ŒUF MUR

On a vu, dans le chapitre précédent, qu'à un moment donné toute manifestation visible s'arrête dans l'œuf et qu'il entre dans une période d'inertie ; celle-ci survient plus ou moins tôt selon les cas, mais elle ne se produit jamais que quand la croissance est terminée. On a vu aussi que le cours de la maturation proprement dite est arrêté par l'absence d'un élément régulateur qui lui permettrait de s'achever. La destinée de l'œuf qui est de donner naissance à un organisme nouveau semblable à celui dont il provient, est donc soumise à une série de conditions dont quelques-unes nous sont déjà connues ; il nous reste à en examiner d'autres, qui ne sont pas de moindre importance.

Quelles sont les causes de cet arrêt ou plutôt de cette vie ralentie, car toute vie n'est pas suspendue dans l'œuf mûr ? Il consomme encore un peu d'oxygène et l'utilise pour un travail intérieur, mais ce travail n'est pas ce qu'il devrait être : impuissant à orienter l'œuf dans la bonne voie, il le conduit finalement à la mort.

Envisagé du point de vue de la causalité, le problème se présente sous deux aspects : d'une part, il y a à rechercher la cause de l'inertie de l'œuf et de l'autre, celle de son impuissance à s'engager dans un travail qui n'est pas la simple continuation de celui qu'il avait exécuté jusqu'alors. On verra dans la suite l'utilité de cette distinction qui paraît quelque peu subtile.

C'est une idée très plausible et qui cadre bien avec les faits d'observation que l'inertie serait due à ce que l'œuf, devenu imperméable, au moins relativement, pour l'entrée comme pour la sortie des matériaux, vivant en vase clos, incapable de rejeter au dehors les déchets des dernières phases de son métabolisme, s'encombre de ces déchets ; sa tension osmotique s'exagère, il s'intoxique et notamment s'asphyxie par sa surcharge d'acide carbonique. Dans ces conditions, non seulement son activité s'enraye, mais ce qui en subsiste ne peut que l'acheminer plus ou moins rapidement vers la mort (Bataillon).

On en peut trouver une preuve dans le fait que si, soit par la fécondation, soit par un procédé expérimental quelconque, on active l'œuf en le faisant sortir de son inertie, sa première réaction, résultat des changements internes qui se produisent en lui, est une rétraction, correspondant à l'expulsion de substances diverses et à un rejet d'acide carbonique. Cette réaction de l'œuf, qui manifeste ainsi une perméabilité rétablie, apparaît donc comme une épuration, une libération de substances qui l'encombraient.

Si ce facteur est réel et d'une importance certaine, il n'en est pas moins très probable qu'il n'est pas seul en cause ; peut-être même n'a-t-il qu'une valeur secondaire. Nous avons insisté plus haut sur la nécessité pour l'œuf d'astérie de l'introduction dans sa substance d'une trace de calcium — dans d'autres œufs un autre métal ou même une autre substance pourront jouer un rôle analogue — pour que se produise l'entrée en maturation, ainsi que sur la présence indispensable d'autres sels de l'eau de mer pour que puissent s'achever les deux divisions nécessaires. Dans ces conditions on doit se demander si l'inertie dans laquelle tombe l'œuf en maturation ou mûr, n'est pas également due à un déficit de certaines substances, spécialement des sels métalliques, ou ce qui revient au même, à un dosage insuffisant de ces substances.

Une légère variation de perméabilité suffirait alors à permettre que l'équilibre nécessaire s'établisse. Pour prouver qu'il en est réellement ainsi, il faudrait créer par tâtonnements ou par des essais rationnellement conduits et variant selon les cas, un milieu artificiel dans lequel l'œuf, au sortir de l'ovaire et sans aucune autre intervention quelconque, non seulement mûrirait complètement, mais sauterait la phase inerte et commencerait immédiatement son développement. Un semblable milieu a pu être réalisé pour l'œuf d'astérie (Dalcq) et par conséquent on est autorisé à répondre par l'affirmative à la question posée.

S'il en est ainsi, l'épuration ne perd pas néanmoins toute signification ; mais l'intoxication qu'elle guérit, au lieu d'être la cause immédiate de l'inertie de l'œuf, en serait plutôt la conséquence. Que l'on empêche l'inertie de s'établir en intervenant à temps, et l'épuration devient inutile. C'est l'œuf déjà inerte qui s'intoxique parce que toute vie n'est pas arrêtée en lui et qu'il lui manque quelque chose pour qu'elle puisse suivre son cours normal. Quand ce facteur agira, soit par la fécondation, soit par un changement dans le milieu extérieur, l'œuf devra subir une crise qui le libèrera de ce qui l'encombre, avant de reprendre sa marche normale.

Il est probable que dans la nature l'épuration préalable est une nécessité très générale. Elle l'est sans doute pour tous les œufs qui ne peuvent se développer qu'après une fécondation ; mais peut-être la nature a-t-elle réalisé pour des œufs normalement parthénogénétiques, c'est-à-dire à développement autonome, des conditions comparables à celles qui la rendent inutile dans l'œuf d'astérie et que l'expérimentation a mises en évidence.

Envisagée comme il vient d'être fait, l'inertie de l'œuf reçoit une explication biologique satisfaisante ; elle se présente comme une étape habituelle, mais non obligatoire de la vie du germe.

Sur les bases qui viennent d'être établies, on peut reprendre et serrer de plus près le problème de l'activation, au moins sous l'une de ses faces. L'activation est, par définition, la mise en marche du développement. Dans tout ce que nous avons examiné jusqu'ici, l'œuf — le germe — n'a fait que s'y préparer. Dès qu'il est activé, le déroulement de ses potentialités commence ; mais dans l'ensemble de ces potentialités, il y a une distinction à faire. Le développement comporte deux grandes manifestations de l'activité vitale qu'un lien unit sans doute, mais qui diffèrent par les mécanismes de leur réalisation. La première, c'est la division cellulaire, la seconde c'est la différenciation des produits issus de cette division

en tissus, en organes, en systèmes ou, en d'autres
termes, la genèse des formes et des structures (morphogénèse). En fait, l'œuf activé commence toujours
par se diviser et la morphogénèse ne devient *appa-
rente* que plus tard. Aussi est-on autorisé à considérer
l'entrée en division comme le critérium de l'activation ; pour cette raison, les facteurs qui la provoquent
ont fait l'objet de nombreuses études et forment en
embryologie un chapitre particulier. La morphogénèse ne s'offre à l'observation descriptive qu'après que
des divisions multiples ont déjà eu lieu ; mais on
verra plus tard que ses sources et ses causes profondes
n'en sont pas moins dans l'œuf, et qu'elle est jusqu'à
un certain point indépendante de son morcellement
en cellules.

Un bref résumé de ce qu'est une ontogénèse fera
mieux comprendre la valeur de ces distinctions.

En réponse immédiate à un agent *quelconque*,
l'œuf se divise, mais tout autrement que quand, au
cours de la maturation, il a formé ses deux globules
polaires. Dans la majorité des cas, il se divise exactement suivant un plan passant par ses pôles et qui le
découpe en deux moitiés, en deux cellules égales appe-
lées blastomères ,qui restent en rapport par de larges
surfaces de contact (fig. 17). Puis chacune de ces cellules se divise à son tour pour former quatre blastomères ; ceux-ci se divisent encore et ainsi de suite sans
arrêt, suivant un rythme parfaitement réglé (fig. 10).
L'œuf qui était une très grosse cellule se transforme
donc en un amas de cellules de plus en plus petites,
jusqu'à ce qu'elles aient atteint une taille déterminée,
qui se maintient dans la suite grâce à l'apport d'éléments nutritifs, puisés dans le milieu où s'effectue

le développement. C'est à ce moment que la morphogénèse devient reconnaissable au simple examen microscopique. Les divisions cellulaires se poursuivent, mais plus localisées, groupées en amas, si bien que des différences régionales apparaissent dans l'activité de l'embryon en formation ; en même temps, il prend des formes de plus en plus compliquées qui revêtent des organes et des tissus en voie

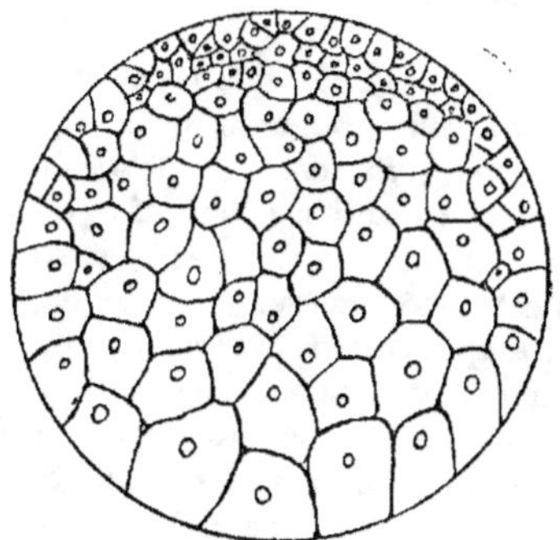

Fig. 10. — Œuf ayant presque achevé sa segmentation, vu de côté.

d'acquérir leur structure fonctionnelle. Nous ne pouvons entrer ici dans le détail des processus morphogénétiques ; malgré le grand intérêt qu'ils présentent, nous sortirions de notre sujet. Ils varient d'ailleurs beaucoup suivant les groupes animaux bien qu'ils aboutissent partout à la constitution des mêmes systèmes d'organes.

Les deux conséquences essentielles de l'activation de l'œuf : divisions cellulaires et morphogénèse, n'offrent pas les mêmes difficultés à l'analyse expérimentale parce qu'elles n'ont pas le même degré de complexité. La première est plus simple, parce qu'elle est d'une grande uniformité dans ses manifestations, la seconde l'est infiniment moins parce qu'elle affecte une extrême variété d'aspects et parce qu'elle touche de bien plus près encore à l'énigme fondamentale de la vie : l'organisation. Elle fera, pour cela, l'objet de chapitres spéciaux et de développements plus étendus.

Nous venons de voir que l'œuf, une fois mûr, reste inerte si rien n'intervient et que si cette inertie se prolonge un peu, l'intervention devra être, en tout premier lieu, une réaction d'épuration qui le libérera des déchets accumulés en lui par le métabolisme ralenti dont il est resté le siège.

Cette étape n'est pas nécessaire et peut être sautée, nous l'avons vu, mais il n'en est pas moins vrai qu'elle est, sinon constante, du moins très fréquente dans la nature. Dès lors si on définit l'activation de l'œuf mûr comme l'ensemble des facteurs qui mettent en marche son développement normal, on doit distinguer dans son mode d'action trois actes de valeur différente, qui peuvent se succéder ou se passer simultanément.

Ce sont : d'abord la réaction d'épuration qui peut être inutile ; ensuite la préparation à une division de l'œuf normale et bien équilibrée ; enfin la préparation au déroulement harmonieux de la morphogénèse et des structures fonctionnelles.

L'activation nécessite toujours l'intervention d'un agent qui donne à l'œuf l'élément qui lui manque pour que toutes les énergies contenues en lui soient mobilisées et entrent en jeu. L'agent le plus naturel, le plus communément répandu et aussi le meilleur, est sans aucun doute le spermatozoïde. Il est aussi le plus complet, car ainsi qu'on l'a déjà vu, il ajoute à l'activation proprement dite, la détermination du sexe de l'organisme qui en sera la conséquence finale ; mais c'est là un phénomène surajouté dont nous n'avons plus à nous occuper.

La fécondation normale est un processus si parfait, qui se déroule avec une si grande régularité, qui se traduit sous le microscope par des caractères si particuliers, que les biologistes se sont dit depuis longtemps qu'ils devaient recouvrir une série complexe de phénomènes dont l'analyse détaillée était indispensable. De là est venue l'idée de chercher à remplacer l'être vivant qu'est le spermatozoïde par des facteurs d'ordre physique et chimique, accessibles à l'expérimentation ; en cas de succès on pourrait peut-être arriver à comprendre et à interpréter ce qui, dans la fécondation vraie, ne peut guère être que décrit. On provoqua ainsi de la parthénogénèse artificielle : celle-ci n'est donc pas autre chose qu'une excellente méthode pour analyser la fécondation.

Voyons d'abord à très larges traits, ce qu'on observe au microscope, quand un œuf est fécondé par un spermatozoïde (fig. 11). Cela permettra de bien limiter les données du problème et de poser les bases d'une étude méthodique ; le spermatozoïde, mince filament mobile dans les liquides où baigne l'œuf, aborde celui-ci et pénètre dans sa substance. Il faut pour cela que l'œuf ait atteint un certain degré de maturité, légèrement variable suivant les espèces, mais qui, presque toujours, coïncide exactement avec le moment où s'établit l'état d'inertie. A ce contact, l'œuf réagit presque instantanément. Il se perméabilise et se rétracte en subissant des déformations passagères de sa surface ; il expulse un fluide, chargé de produits divers, notamment d'albumines. Cette expulsion peut ne pas se produire, ou être discrète, car c'est elle qui caractérise l'épuration que nous connaissons déjà.

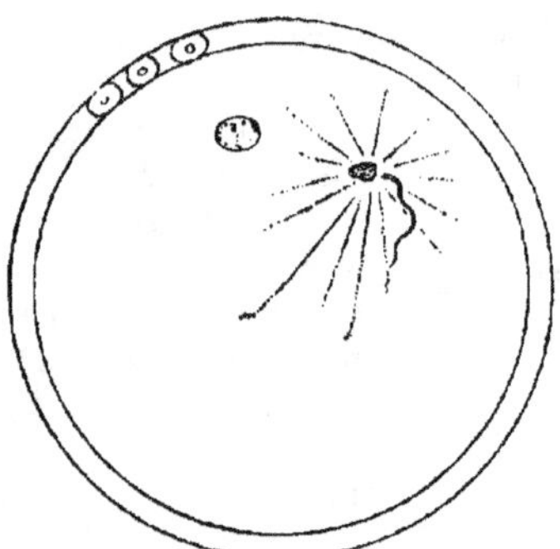

Fig. 11. — Fécondation : pénétration du spermatozoïde, rétraction du cytoplasme, début de l'aster.

Si à ce moment — et c'est un cas fréquent — les deux divisions de maturation ne sont pas terminées, elles s'achèvent, et le noyau de l'œuf — noyau réduit — se reconstitue. En même temps, la tête du spermatozoïde — son noyau par conséquent — gonfle en absorbant le suc du cytoplasme ambiant, qui s'irradie autour d'elle en un puissant « aster », centré sur un corpuscule placé à la base de la tête spermatique. En cytologie on donne à ce corpuscule le nom de « centrosome » (fig. 12).

Les deux noyaux, mâle et femelle, gagnent ensuite le centre dynamique de l'œuf, s'accolent et, tôt ou tard, se fusionnent en un noyau unique dont la formule chromosomiale, nous l'avons vu, est dès lors normale pour l'espèce étudiée. Pendant ce temps l'aster spermatique s'estompe et disparaît, mais cette disparition est immédiatement suivie de la division

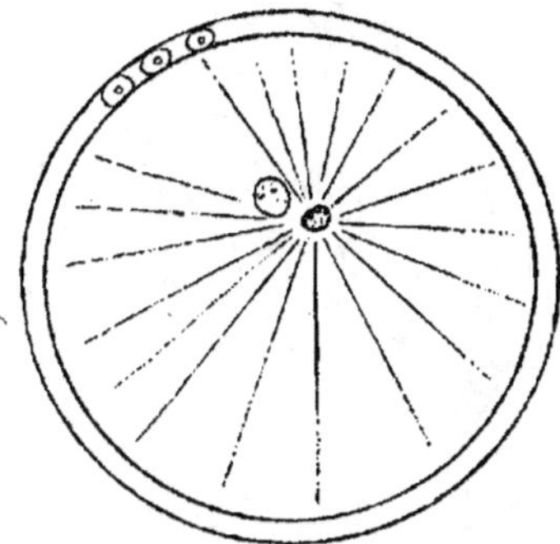

Fig. 12. — Achèvement de la fécondation : les deux noyaux s'accolent, l'aster est à son apogée.

du centrosome ou, plus certainement, de l'apparition de deux nouveaux asters placés de chaque côté du noyau et qui se partagent également tout le territoire cytoplasmique, chacun d'entre eux en occupant la moitié ; chacun aussi est centré sur un corpuscule ou centrosome (fig. 13). Il se forme ainsi une figure de division ordinaire, dont les pôles sont en principe dans le plan équatorial de l'œuf et que coupe en son milieu un plan vertical. Alors le noyau se résout en ses chromosomes, chacun de ceux-ci se fend en deux moitiés qu'on voit se diriger respectivement vers l'un des centrosomes pour y reformer un nouveau noyau. Enfin, l'œuf se déforme ; un sillon se creuse dans son pôle supérieur et se poursuit en une cloison qui gagne peu à peu le pôle inférieur. Dès ce moment l'œuf est divisé en deux cellules-filles ou blastomères et la première division est achevée (fig. 17). Sans arrêt, les

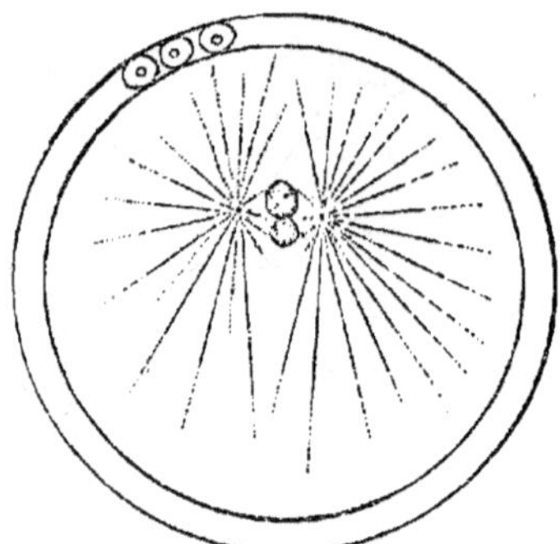

Fig. 13. — Apparition de la dicentrie de l'œuf.

mêmes processus se reproduisent dans les deux blastomères qui se divisent eux-mêmes en deux et ainsi de suite. La *segmentation* de l'œuf est mise en marche et le développement ne s'arrêtera plus. Dans la parthénogénèse naturelle, tout se passe de même, seulement comme il n'y a pas de spermatozoïde, l'aster spermatique est remplacé par un aster ovulaire, dont le noyau femelle occupe le centre.

Tels sont les faits essentiels ; bien des détails importants au point de vue cytologique ont été négligés parce qu'ils n'entrent pas dans le cadre de l'analyse que nous

voulons entreprendre. Nous avons simplement décrit
la succession des états anatomiques par lesquels passe
un œuf quand une fécondation provoque sa division ;
il reste la tâche beaucoup plus lourde d'en découvrir la
signification. A cet effet, nous allons revenir à l'œuf
mûr, prêt à tomber en inertie, pour le suivre pas à pas
dans l'évolution de ses propriétés, en nous fondant
sur les données acquises par la technique de l'activation expérimentale.

Il est un caractère de l'œuf, tout à fait général, que
nous n'avons guère fait qu'indiquer dans les pages
précédentes et sur lequel nous devons insister plus
longuement parce qu'il est d'une importance capitale :
c'est sa *polarité*.

L'œuf, cellule sphérique, est un système colloïdal
complexe et à phases multiples, changeantes et souvent réversibles, mais, et ceci est une grosse difficulté
dans l'étude de ses propriétés physico-chimiques, il
n'est pas homogène. Son hétérogénéité n'est pas seulement amplement démontrée par la morphogénèse
qu'il subira et qui sera envisagée dans un prochain
chapitre ; elle l'est, pour ainsi dire, dès le début de son
existence, par une différenciation « polaire ». Celle-ci
se traduit par une localisation des dépôts deutoplasmiques les plus gros et les plus lourds dans la région
d'un pôle, dit pour cette raison inférieur, ainsi que par
une concentration presque totale du travail des deux
divisions de maturation dans le voisinage immédiat
du pôle diamétralement opposé, supérieur par conséquent (fig. 8 et 9).

Cette polarité, qui est l'attribut de tous les œufs sans
exception, encore vague dans les premières phases de
l'oogénèse, va en s'accentuant progressivement jusqu'à

la fin de la maturation. Il est fort important de noter que, sans aucun doute, elle est antérieure à l'apparition des caractères par lesquels elle se manifeste à l'examen microscopique ; elle est donc l'expression d'une véritable propriété primaire, fondamentale, du germe de tous les animaux.

On a donné de ce fait essentiel des preuves qui paraissent décisives.

D'abord, dans bon nombre d'œufs, très pauvres en deutoplasme et où les éléments constitutifs sont trop délicats pour montrer une véritable stratification, les divisions maturatives n'en sont pas moins strictement localisées en un pôle que l'on continuera d'appeler supérieur. En second lieu, la stratification des matériaux n'est jamais exactement telle qu'elle devrait être si elle se faisait exclusivement sous l'influence de la pesanteur ; même dans les cas les plus nets, il s'agit toujours d'une stratification vague, avec interpénétration des diverses couches. En troisième lieu, il est frappant, quand on examine un jeune ovaire de grenouille ou de triton par exemple, de constater au premier coup d'œil, que l'axe des pôles, facilement reconnaissable à l'œil nu grâce à des différences de coloration, est, dans les centaines d'œufs qu'on a sous les yeux, orienté en tous sens, sans aucune relation, même de simple préférence, avec le sens où s'exerce la pesanteur. Ce n'est donc pas celle-ci qui est la cause première de la stratification et par conséquent de la polarité ; elle ne peut que l'accentuer, la rendre plus visible ; et si les matériaux du pôle inférieur sont réellement plus lourds, il faut que l'œuf soit libéré, dans l'eau par exemple, pour que ce pôle s'oriente toujours vers le bas.

Enfin une dernière preuve plus décisive encore, est donnée par l'action de la centrifugation sur certains œufs. Si on place des œufs d'oursin, par exemple, ou encore de Nereis, *orientés au hasard*, dans une centri:u-geuse tournant avec une vitesse et pendant une durée limitées, les enclaves du cytoplasme, grosses ou petites, sont déplacées de leur situation normale ; leur strati-fication devient plus régulière parce qu'elles subissent violemment l'action de la force centrifuge, néanmoins l'axe de polarité primitif n'est pas changé : c'est bien la preuve qu'il est indépendant de la position des en-claves, qu'au lieu que ce soit elles qui le déterminent, elles ne peuvent que suivre la voie qu'il a tracée. La partie essentielle du cytoplasme de ces œufs est donc formée d'une substance moins fluide, plus visqueuse, dont la trame est polairement orientée et que seule une centrifugation excessive pourrait désorganiser. Sans doute tous les œufs ne réagissent pas d'une façon aussi typique, mais ce n'est là sûrement qu'une ques-. tion de degré dans la viscosité du plasma fondamental. (Morgan, F. R. Lillie, E. Conklin).

Les cas positifs qui viennent d'être relatés suffisent à donner à la polarité de l'œuf la valeur d'une propriété primaire dont l'explication physico-chimique devra être trouvée un jour. A elle seule, elle suffirait à prou-ver l'hétérogénéité du système colloïde polyphasé qui constitue la substance vivante ; nous verrons plus loin qu'il y en a bien d'autres preuves encore. Mais tout indique que cette hétérogénéité suivant un axe de pôle à pôle existe dès les stades les plus reculés de l'oogénèse ; les oogonies primaires la possèdent et elle est aisément visible à l'examen microscopique quand on emploie des techniques appropriées. Nul doute qu'elle se maintienne, inchangée, pendant toute la période de croissance et jusqu'à la maturation.

Le simple raisonnement permet de tirer de cette notion des conclusions importantes. En admettant même que cette hétérogénéité polaire soit à son origine de nature plutôt physique que chimique et ait une valeur plutôt quantitative, il n'en résulte pas moins que le travail effectué par l'œuf, pendant toute sa croissance, est hétérogène au même titre et au même degré. Si même les réactions qui se passent sont au début identiques partout, elles ne se feront pas avec la même vitesse tout le long de l'axe de polarité ; elles ne s'équilibreront pas de la même manière ni en même temps et leurs produits seront différents ; surtout si, comme c'est probable, les composants du cytoplasme actif ne sont pas partout dans les mêmes rapports de proportionnalité.

Dans ce domaine, la science n'a pu jusqu'ici apporter que fort peu de précisions en raison d'énormes difficultés techniques et aussi parce que le problème ne se présente clairement que depuis fort peu de temps. Il est pourtant de ceux qui la feront pénétrer dans l'essence même de la vie créatrice de formes et de fonctions.

Quoi qu'il en soit, un fait se dégage avec netteté : c'est au moment où l'œuf mûrit, où son travail de maturation s'achève, au moment par conséquent où il est prêt à s'arrêter et à devenir inerte, que sa polarisation atteint son maximum et se traduit par les caractères les plus aisément appréciables.

Dès l'instant où la vésicule germinative s'est flétrie, et où le suc qu'elle contenait a difflué dans le cytoplasme de l'hémisphère supérieur, tout se passe comme si les réserves d'énergie que contient l'œuf n'étaient plus mobilisables que dans une zone étroitement localisée autour du pôle supérieur. C'est là que se constituent les deux figures de divisions maturatives. Elles sont petites, placées radiairement. Le travail nécessaire à à la division cellulaire, dans lequel des changements de tension superficielle, de viscosité, de perméabilité, des phénomènes électriques, jouent un rôle considérable, ne s'exécute que dans cette région ; aussi les divisions sont-elles extrêmement inégales et l'un des produits est-il minuscule et presque dépourvu de cytoplasme.

Il est bien vrai que dans certains cas, des portions plus profondes du cytoplasme semblent entrer en jeu ; quand ils apparaissent, les asters, notamment ceux de la première division maturative, sont parfois assez écartés et celui qui est dirigé vers le centre peut s'irradier au loin ; mais ce n'est que passager, l'aster profond se rapproche peu à peu du pôle et le travail de division cellulaire véritable n'isole quand même qu'une minuscule cellule polaire. Ces cas rentrent donc aisément dans la règle générale.

On a pu reconnaître, mais il reste encore dans l'interprétation de ces faits une certaine part d'hypothèse, quelques-uns des caractères physico-chimiques particuliers à la zone entourant le pôle supérieur. Ils ne font que traduire un état des composants du cytoplasme, colloïdes et autres, sur lequel on possède quelques données intéressantes.

Nous avons vu déjà que l'œuf, arrivé au terme de sa croissance, est imperméable ou du moins très peu perméable. Cette imperméabilité est due à l'état physique de sa couche superficielle, où dans le jeu réver-

sible des phases des complexes colloïdaux, il en est
de perméables et d'imperméables. La viscosité, la tension superficielle, la charge électrique sont sous la
dépendance de ce jeu et entraînent d'autres conséquences encore, sur lesquelles nous ne pouvons insister
ici. Mais l'œuf étant un système hétérogène, polarisé
suivant un axe défini, les données expérimentales
autorisent à conclure que cette hétérogénéité porte
autant sur la substance corticale que sur la masse centrale de la cellule et que, par conséquent, dans les
caractères physiques que nous venons de signaler, il
existe aussi des différences suivant l'axe de pôle à
pôle.

La polarité prend ainsi un sens plus précis et tout en
restant inconnue dans ses causes premières, elle peut
être exprimée par une relation d'ordre physico-chimique. Pendant la maturation et au moment où elle
s'achève, la région du pôle supérieur de l'œuf semble
bien être la seule suffisamment perméable pour qu'un
apport d'eau soit possible ; en ce point aussi la charge
électrique corticale de l'œuf a son minimum ou même
est peut-être nulle : c'est pour cela que le fuseau de
maturation dont la charge est de même signe vient
se placer radiairement, son extrémité supérieure tou-
chant la surface, rejeté par conséquent aussi loin que
possible du pôle inférieur où la charge électrique a
son maximum. C'est encore là enfin et là seulement
que le degré de viscosité et de tension superficielle
a les qualités voulues pour permettre une division
cellulaire, et c'est pour cela que celle-ci est extrêmement inégale.

Ces notions étant acquises, qu'on se rappelle le résultat le plus immédiatement apparent de l'activation

parfaite : la division de l'œuf en deux moitiés, par un plan réunissant ses pôles ; l'idée vient alors à l'esprit et s'impose peu à peu, qu'une des conséquences les plus importantes de l'activation, c'est une diminution de la rigidité polaire de l'œuf mûr, une *dépolarisation* qui permet à la substance de l'œuf tout entière d'entrer dans le métabolisme de la vie ; qui, en d'autres termes, mobilise toutes les réserves d'énergie, jusqu'au pôle inférieur (Dalcq).

Mais il ne fait pourtant pas s'y tromper : la dépolarisation de l'œuf activé n'est jamais complète ; l'activation ne rend pas l'œuf homogène selon l'axe de pôle à pôle, elle le laisse hétérogène, mais elle réduit sa rigidité corticale, elle le perméabilise sur toute sa surface encore qu'à des degrés divers ; elle réduit sa charge électrique, elle change en un mot les conditions physiques auxquelles avait abouti la maturation et les remplace par d'autres. Comment ces changements peuvent-ils se produire ? On l'ignore presque entièrement, mais on a parfois vu, dans l'intérieur de l'œuf, des déplacements de substances, des mouvements du cytoplasme qui témoignent des bouleversements qui se produisent à ce moment dans les rapports des substances composantes et qui indiquent qu'une ordonnance nouvelle des matériaux vivants s'accomplit.

La dépolarisation est donc une réaction à l'activation qui ramène à la vie — ou plutôt fait rentrer dans les cycles de l'activité vitale — la plus grande partie de l'œuf, secoue l'inertie dans laquelle il menaçait de périr et mobilise toutes les ressources d'énergie disponibles. Or, cette réaction, si importante par ses conséquences, si délicate par les mécanismes qu'elle met en jeu, peut être provoquée par des agents extrêmement variés, physiques ou chimiques, externes ou internes : solutions hyper- ou hypotoniques, changements dans la balance des sels de l'eau de mer, acides et bases en concentrations voulues, surtout les acides gras, chloroforme, piqûre avec un fin stylet, chocs d'induction etc... L'uniformité de la réaction, opposée à la variété des causes qui peuvent la provoquer, ne laisse pas d'être assez troublante. Il semble vraiment qu'elle soit tellement bien préparée dans l'œuf inerte qu'il suffit d'un rien pour la mettre en marche inévitablement.

Mais avant de poursuivre, voyons quelles sont les véritables conséquences de la dépolarisation. Il semblerait, si l'on s'en tenait à l'étude de l'activation normale par le spermatozoïde, qu'une fois celle-ci produite, tout le développement peut se mettre régulièrement en marche ; mais l'activation expérimentale a permis de scinder dans l'ensemble de la fécondation des étapes caractéristiques, de montrer que la dépolarisation est la première d'entre elles, mais qu'elle n'est pas inévitablement suivie par les autres.

Voyons, par exemple, à quoi aboutit le « premier temps » de la méthode de parthénogénèse de J. Loeb, le traitement des œufs mûrs et vierges d'oursin par l'acide butyrique. Que fait l'œuf sous l'influence de cet agent ? Son noyau gagne le centre du cytoplasme (dépolarisation) ; là il grandit, puis s'entoure d'un puissant aster, qui s'irradie jusqu'à la couche corticale et que l'on considère actuellement comme une prise en gel de certains colloïdes centrés sur la noyau ; celui-ci, en même temps, se résoud en ses chromosomes ; on s'attend à voir cet aster, comparable à celui que pro-

duit le spermatozoïde en entrant dans l'œuf, subir la
même évolution que lui, s'estomper d'abord, se dédou-
bler ensuite et provoquer, ainsi que nous l'avons vu,
l'individualisation dans l'œuf de deux énergides, dont
chacune en occupe la moitié et va d'un pôle à l'autre ;
puis enfin la transformation de ces deux énergides en
deux cellules isolées par la formation d'un septum
qui les sépare. Or, rien de tout cela ne se produit, ni
par l'acide butyrique, ni par le premier temps de la
méthode de Bataillon qui consiste à piquer l'œuf avec
la pointe d'un fin stylet.

L'aster d'activation artificielle, après un certain
temps, disparaît mais *il ne se dédouble jamais* ; au
contraire, le noyau se reconstitue, vésiculeux, et l'œuf
semble rentrer au repos ; mais quelques minutes plus
tard, il recommence le même cycle, refait si on peut
ainsi s'exprimer la même tentative, tout aussi abortive d'ailleurs : un nouvel aster toujours unique apparaît et le noyau restitue ses chromosomes en son centre.
Puis, comme la première fois, au bout de peu de temps,
tout rentre au repos. Le même cycle de phénomènes
exactement réversibles peut se répéter une ou deux
fois encore, mais ce n'est là que le prélude de la mort.

L'œuf ainsi traité est donc incapable de se diviser ;
il lui manque le ou les facteurs qui lui permettront de
créer un centre d'attraction dans chacune de ses moitiés, grâce auquel elles s'isoleront par un plan vertical
passant par les deux pôles ; en d'autres termes, l'œuf
incomplètement activé, reste un système bipolaire mo-
nocentrique ; c'est pour cela que l'activation avorte.

Que faut-il donc alors, pour que ce système, tout en
restant bipolaire, devienne dicentrique ? Dans la fécondation naturelle il est certain que c'est le spermato-

zoïde qui permet à cette évolution de se produire.
Mais le spermatozoïde est-il l'agent direct de la dicentrie ou ne l'est-il qu'indirectement, par une réaction
inattendue de l'œuf dans lequel il a pénétré ? On ne
peut répondre à cette question, et les deux éventualités qu'elle soulève sont également possibles. En tout
cas, la dicentrie peut se présenter comme une réponse
propre de l'œuf à un agent physique ou chimique ;
c'est ce que prouvent le deuxième temps des méthodes
de parthénogénèse artificielle de Loeb et de Bataillon.
C'est ce que prouvent encore et surtout les procédés
en un temps où, sous l'influence d'un dosage bien réglé
des quatre sels de l'eau de mer (Dalcq), l'œuf parcourt
le cycle complet de son activation. Il a donc en lui des
ressources que masque la fécondation.

Comme tant d'autres manifestations de la vie que
nous avons vues jusqu'ici, l'apparition du dicentrisme
de l'œuf s'accompagne de changements physiques
divers dans sa substance, et les phénomènes physico-
chimiques de la division cellulaire ont déjà été abon-
damment étudiés. Mais nous sommes encore complètement ignorants de leur déterminisme ; ils sont des
effets, non des causes, et celles-ci nous échappent.

Au point où nous en sommes arrivés de cette étude,
le développement est en marche, c'est-à-dire que la
première division cellulaire s'est faite, et les autres
suivront, posant toujours le même problème que nous
n'avons pas pu résoudre. L'une des deux grandes conséquences de l'activation s'est produite ; nous avons
cherché à montrer par quelle série de phénomènes ce
résultat est atteint et nous avons notamment insisté
sur le fait remarquable, qu'à partir du moment où sa

maturation s'achève, l'œuf, à deux reprises au moins, a besoin pour ne pas mourir d'une aide étrangère : pour se dépolariser d'abord, puis ensuite pour fixer sa substance sur deux centres égaux en puissance, prélude de la division cellulaire par où commencera le développement proprement dit.

A ces deux moments l'œuf est en carence ; il n'a pas en lui-même les ressources nécessaires pour les dépasser. Le spermatozoïde, dès son entrée, comble cette carence et tout se déroule avec une régularité idéale. Mais l'expérimentateur, dans son laboratoire, peut réussir presque aussi bien ; il y arrive en un acte ou en deux, selon le choix qu'il a fait et selon le but qu'il se propose, et cela par des moyens relativement simples : dosage soigneux des sels du milieu, élévation de la pression osmotique extérieure, action superficielle produite par l'acide butyrique, etc... Il faut, pour que l'œuf double lès deux caps de la dépolarisation et de la dicentrie, que par la pénétration en lui d'un peu d'eau et de quelques ions métalliques, certains mouvements moléculaires et micellaires puissent se produire dans le complexe hétérogène qui le constitue ; il peut alors orienter son activité dans une voie nouvelle.

Les procédés d'activation du laboratoire remplacent-ils exactement le spermatozoïde ? on ne pourrait l'affirmer, et tout ce que l'on peut dire c'est que, puisque les résultats sont identiques, les moyens mis en œuvre doivent avoir un mode d'action analogue. Mais cela a en réalité moins d'importance qu'on pourrait le croire ; l'essentiel est qu'on ait pu dégager, dans le grand acte de fécondation, certaines étapes qui sont d'ordre purement physico-chimique et les réaliser en dehors d'elle. Sans doute l'énigme de la reproduction

— 65 —

sexuelle n'est pas résolue par là, mais la biologie générale n'en a pas moins fait un grand progrès.

Il ne faut pas perdre de vue non plus, qu'en tout état de cause l'activation artificielle ne réalise qu'une partie de ce que fait le spermatozoïde. Celui-ci quand il féconde apporte avec lui un élément de vie nouveau, l'œuf fécondé n'est plus exactement le même que l'œuf vierge ; il est un être neuf et l'organisme qui en naîtra portera l'empreinte des deux vies qui se sont confondues pour le créer. Mais ce fait biologique dont les conséquences dominent toute l'évolution des êtres vivants et dirigent même les destinées de l'humanité, est en dehors et au-dessus du problème de l'activation. Nous aurons l'occasion d'en parler dans les prochains chapitres.

CHAPITRE IV

LE PROBLEME MORPHOGÉNÉTIQUE

Le problème morphogénétique se pose en réalité dès l'apparition même des cellules sexuelles dans les organes génitaux et il est lié à toutes les manifestations de leur vie qui ont été examinées jusqu'ici. La morphogénèse entendue au sens large, c'est-à-dire l'édification d'un organisme nouveau avec ses formes extérieures, ses organes en place et pourvus de leurs structures fonctionnelles, c'est la véritable raison d'être des cellules sexuelles ; c'est leur propriété spécifique, et tout ce qui les caractérise, tout ce qui les rend différentes des cellules ordinaires, se rapporte à cette propriété, directement ou indirectement. Nous avons parlé dans les chapitres précédents de la *préparation* de l'œuf à la maturation, à l'activation, à la segmentation, puis de la *réalisation* de ces diverses étapes. Un simple raisonnement par analogie pose dans les mêmes termes la question de la morphogénèse ; il est vraisemblable qu'elle aussi se prépare avant de se réaliser, mais il est bien plus difficile de préciser exactement ce qu'il faut entendre par là.

L'accroissement de l'oocyte, la maturation, l'acti-

vation, la segmentation sont, au regard de la morphogénèse, des phénomènes relativement simples, bien
délimités, et surtout de peu de durée. Chacune de ces
phases a la valeur d'un épisode, d'une sorte de cro-
chet dans la courbe générale que trace l'œuf en développement ; il peut être isolé du reste et étudié en
soi. La morphogénèse, elle, forme la substance de la
courbe elle-même et malgré les oscillations qu'elle présente, se laisse moins aisément découper en tranches,
même artificiellement dans un but d'analyse expérimentale.

Mais les difficultés ne résident pas en cela seulement. L'observateur, quand il aborde l'étude des
lois et des moyens de la morphogénèse, est pleinement
conscient qu'il se trouve en face d'une des plus grandes
énigmes — sinon la plus grande — de toute la biologie. Il sait qu'il affronte la question de savoir pourquoi ou tout au moins comment la vie se perpétue
à la surface de la terre ; car tous les êtres sont mortels,
et la vie serait tôt disparue si les morts n'étaient
pas constamment remplacés. Avant que la science
n'ait entrepris de la dissiper, cette énigme a été
étudiée, voire résolue par la philosophie et la métaphysique, depuis que l'humanité médite sur ses origines et sur ses fins. Des savants justement illustres,
comme Claude Bernard par exemple, ont pensé et
proclamé que les causes de l'organisation, l'organisation elle-même, puis ses complications, échappaient
aux méthodes de la science positive et ne pouvaient
être que décrites.

On ne s'est pas, heureusement, résigné à cette attitude passive. Sans doute l'inconnue au point de départ reste entourée de mystère, comme celle de

l'essence de la vie elle-même, avec laquelle elle se confond en fait. Mais le problème peut cependant être envisagé sur un plan, plus modeste peut être, mais solide. C'est encore Claude Bernard qui a dit que si l'organisation était insaisissable, les fonctions des organes ne l'étaient pas et devaient se réaliser selon les lois de la physique et de la chimie. Toute la physiologie moderne est basée sur cette idée et il est inutile de rappeler combien elle fut féconde.

La morphogénèse n'est-elle pas la fonction véritable du germe activé ? N'est-ce pas une vraie fonction de l'œuf, de donner naissance à un être nouveau, complet, entier, par le déploiement des énergies qu'il renferme ? Et, comme pour toute autre fonction, si les causes lointaines de son établissement, si les origines immédiates de son substratum nous restent encore inconnues, elle emploiera pour s'exercer des moyens accessibles à nos méthodes, connaissables et mesurables. Dès lors, la description de la succession et de l'enchainement des formes par lesquelles passe un germe dans son développement, cesse d'être le seul but de l'embryologie, pour prendre la valeur d'une connaissance préalable et nécessaire en vue de la recherche des facteurs immédiats qui les provoquent et que l'expérimentation est seule capable de mettre en lumière.

C'est en partant de ces idées que l'embryologie expérimentale ou causale est née, explicative dans la mesure où la science peut expliquer ; elle prit droit de cité grâce à quelques pionniers d'avant garde : W. Roux, Chabry, H. Driesch, Edm. B. Wilson, Th. Morgan, et s'est admirablement développée depuis. Elle a fait connaître des faits nombreux et sugges-

tifs, elle est à l'heure actuelle en plein épanouissement. Notre but est de faire connaître et comprendre
les plus précieuses de ses acquisitions. Mais on nous
reconnaîtra la liberté de faire un choix, car il y a
dans les formes et dans les organes que crée la vie
d'un germe une hiérarchie, comme il en existe une
dans les fonctions de l'organisme adulte. Ce n'est pas
la nécessité de leur présence qui en établit les degrés,
car tous sont nécessaires au même titre ; c'est plutôt
la précocité de leur formation, leur valeur pour caractériser anatomiquement les espèces animales, leur
importance relative dans l'organisation définitive de
l'individu adulte. A ce point de vue, il y a des organes
essentiels, primaires, et d'autres subordonnés ou
secondaires ; nous ne pouvons guère nous occuper que
des premiers. Mais ce que nous en aurons dit pourra,
dans la plupart des cas, être étendu aux seconds par
généralisation, — sous réserve de ce que pourront
faire connaître des recherches futures.

**La valeur morphogénétique des cellules sexuelles
mâles et femelles**. — L'examen comparatif des œufs
et des spermatozoïdes, au point de vue morphogénétique, permet heureusement de bien limiter l'objet sur
lequel l'attention doit particulièrement se porter. On
a déjà vu, à propos de la définition du germe, que les
deux sexes ne sont pas équipotentiels, et qu'envisagés
au point de vue de leur destinée, si l'œuf est un germe
véritable, le spermatozoïde ne l'est pas ; mais cette
notion, qui ne fut qu'énoncée précédemment, doit être
précisée et les preuves de sa réalité doivent être
données.

Cela paraît un véritable truisme de dire que dans

la création d'un être nouveau par la génération sexuée, les deux conjoints interviennent pour une part égale. Sans doute, il n'arrive jamais qu'un enfant soit à doses égales un mélange des caractères paternels et maternels ; « il ressemble » presque toujours plus à l'un qu'à l'autre, à moins qu'il ne soit le portrait d'un ancêtre plus lointain. Mais, comme cette ressemblance ne s'établit que par des caractères de détails, on les porte au compte d'une hérédité plus ou moins mystérieuse, et la croyance générale est que, pour la construction du corps avec ses formes et ses organes, les rôles respectifs du père et de la mère sont équivalents. Or, dans l'état actuel de nos connaissances scientifiques, on peut affirmer qu'il n'en est rien. C'est au contraire par l'apparition de caractères de détails, de petites marques individuelles et familiales que l'œuf et le spermatozoïde sont égaux, se comportent comme des agents de transmission plus ou moins fidèles et sont, en principe tout au moins, équipotentiels. Mais pour ce qui concerne l'édification de l'être à proprement parler, avec tous les grands caractères généraux de l'espèce à laquelle il appartient, l'œuf joue le rôle essentiel et peut-être même exclusif.

C'est un point sur lequel on n'insiste pas assez, en effet, et qui a pourtant en biologie une importance primordiale, que dans tout individu vivant, il y a lieu de distinguer deux sortes de caractères ; les uns sont généraux ou mieux encore génériques, sont communs à tous les représentants de l'espèce à laquelle il appartient ; les autres, spéciaux ou individuels, le différencient, par des détails, de ses semblables. Tout homme par exemple, a les formes extérieures, l'organisation et la structure spécifique de l'espèce humaine ;

il les a en commun avec tous les autres hommes, mais nous le reconnaissons parmi eux, nous lui donnons un nom à cause d'un cachet spécial que ces formes affectent en lui : couleur des cheveux et des yeux, contours du visage, dessin de la bouche et du nez etc... Ces caractères personnels, minimes en eux-mêmes et infiniment variés, sont assez distinctifs pour que nous ne nous y trompions pas et pour qu'entre mille autres nous reconnaissions un homme que nous avons déjà vu. Ce qui est vrai pour l'espèce humaine, l'est pour toutes les autres ; on peut s'en convaincre en étudiant minutieusement une série nombreuse d'individus d'une espèce animale quelconque. En un mot chaque représentant d'un groupement vivant est une modalité particulière sur un thème uniforme.

Cette notion très claire et dont l'évidence apparaît pourvu qu'on y réfléchisse, est extrêmement précieuse pour toutes les branches de la biologie qui traitent de l'hérédité, de la génétique, ou d'une façon plus générale, de la morphogénèse ; car celle-ci n'est pas autre chose que l'hérédité en action, en marche pour sa réalisation finale. Il y a donc une hérédité générale ou de l'espèce, et une hérédité spéciale ou de l'individu. La seconde n'est, à la vérité, qu'une tournure particulière que prend la première, qui lui donne son cachet propre, mais elle n'en est pas moins quelque chose de surajouté, une complication. Il y a par conséquent aussi une morphogénèse générale et une morphogénèse spéciale, qui sont la mise en œuvre des deux aspects de l'hérédité que nous venons de définir et cette distinction va nous permettre de serrer de plus près les problèmes qui feront l'objet de notre examen.

On peut exprimer en une formule très simple les conclusions générales qui se dégagent des faits d'observation : le pouvoir d'une morphogénèse générale est la propriété de l'œuf seul, mais chacun des deux sexes est capable de lui imprimer une allure particulière, individuelle ; le spermatozoïde n'est donc porteur que de l'hérédité spéciale et n'est par conséquent capable que d'une morphogénèse spéciale, l'œuf, bien plus complet et bien plus puissant, réunit en lui les deux ordres de propriétés.

En voici quelques preuves, suffisamment démonstratives : on connait des œufs capables de parthénogénèse naturelle, c'est-à-dire d'activation et de développement autonomes, sans l'intervention d'un spermatozoïde. Les produits de ce développement sont parfaitement normaux, ont tous les caractères généraux de l'espèce, mais n'ont naturellement que des caractères spéciaux provenant de la lignée maternelle.

Ce n'est pas une généralisation audacieuse de dire que *tous* les œufs qui, dans la nature, n'entrent en développement que grâce à une fécondation par un spermatozoïde vivant, sont susceptibles, par des artifices de laboratoire purement physiques ou chimiques, d'être activés et de subir une parthénogénèse artificielle pouvant aboutir à un individu complet, exclusivement maternel par ses caractères généraux et spéciaux. En revanche, jamais un spermatozoïde, dans quelque condition qu'on le place, n'est capable d'un développement autonome. Toutes les tentatives faites dans ce but ont échoué jusqu'ici ; c'est à tort que certains auteurs ont cru faire de l'éphébogénèse en provoquant un développement par l'introduction d'un spermatozoïde dans un œuf dont on a enlevé le noyau, car le spermatozoïde ne fait alors que mettre en marche des potentialités contenues dans la masse intacte du cytoplasme ovulaire et c'est en elle que se trouvent tous les matériaux et toutes les ressources mises en œuvre par la morphogénèse générale. Les résultats de la polyspermie expérimentale des Amphibiens anoures suffiraient à eux seuls à le démontrer péremptoirement.

On peut en effet faire entrer quatre ou cinq spermatozoïdes dans l'œuf volumineux de la grenouille. Chacun d'eux se place au centre d'un territoire cytoplasmique dont il provoque l'activation, puis la division. Si chaque spermatozoïde était capable d'une morphogénèse générale, il se formerait des monstres multiples, ou tout au moins des embryons complexes et informes. Or, il n'en est rien, la morphogénèse générale se déroule tout à fait normalement ; si l'embryon meurt plus tard, c'est parce que chaque spermatozoïde ayant apporté son cachet individuel, un conflit surgit entre quatre ou cinq morphogénèses spéciales et crée à un moment donné, tardif, des conditions incompatibles avec la vie.

Sur ces données bien établies, une comparaison approfondie de la spermatogénèse et de l'oogénèse fera surgir de nouvelles clartés et bien des faits apparaîtront sous leur véritable signification.

Qu'on se rappelle la description sommaire donnée au chapitre II de la formation des produits sexuels mâles et femelles. A part la formule chromosomiale, qui diffère d'une unité selon le sexe, impaire chez le mâle, paire chez la femelle (1) rien ne distingue, à l'exa-

(1) Dans les cas les plus simples, bien entendu ; ce sont eux

men cytologique, les oogonies et les spermatogonies primaires ou secondaires. A un moment donné les divisions s'arrêtent et la période d'accroissement commence. On y a reconnu deux étapes : celle du petit et celle du grand accroissement. La première est commune aux cellules mâles et femelles ; le cytoplasme s'accroît en réalité fort peu, mais le noyau le fait davantage, sa substance s'organise en ses chromosomes constitutifs, ceux-ci subissent une évolution compliquée, préparatoire à la réduction chromatique qu'effectuera la première division de maturation. En fait, le petit accroissement est essentiellement une phase d'activité nucléaire des cellules sexuelles, identique dans les deux sexes.

Alors commence la période de grand accroissement, où l'activité du cytoplasme devient dominante, où le travail constructif et le métabolisme d'accumulation s'accomplissent avec une intensité de plus en plus marquée, jusqu'à ce que s'établisse dans les réactions un état d'équilibre qui les arrête. Sans doute le noyau joue encore un rôle dans ce travail, car il est un organe de la cellule et participe à toutes les manifestations de sa vie, sans qu'on sache encore sous quelle forme. Mais les aspects qu'il revêt et par conséquent la fonction qu'il exerce sont tout autres qu'au cours du petit accroissement.

Ce qu'il y a d'essentiel, c'est que la phase de grand accroissement, la période d'activité cytoplasmique, est spécifique de l'œuf ; elle est entièrement sautée

que nous avons choisis comme exemples. Les autres ne sont d'ailleurs que des complications du schéma général, et nous ne pouvons nous y arrêter.

dans la spermatogénèse où les deux divisions de maturation se font dès que le noyau a fini de s'y préparer. Dès lors, l'idée se présente invinciblement à l'esprit, que l'inéquivalence morphogénétique des gamètes n'est pas seulement virtuelle mais réelle et qu'elle acquiert son substratum pendant le grand accroissement. On peut donc admettre avec un très haut degré de vraisemblance que quand l'œuf grandit pour prendre sa taille définitive, il ne se borne pas, comme on le dit très généralement, à accumuler de simples réserves qui serviront à la nutrition de l'embryon au fur et à mesure de ses besoins. Tout ce qui s'élabore à ce moment en lui, y compris ces soi-disant réserves nutritives, a une signification plus haute et un avenir bien plus brillant. C'est en réalité la morphogénèse qui se prépare, ce sont les substances et les forces dont la mise en jeu construira plus tard les organes et les structures avec leurs formes spécifiques, qui s'élaborent et commencent à se mettre en place.

Le spermatozoïde ne parvient à devenir qu'un peu plus qu'un agent d'activation ; l'œuf au terme de sa croissance nous apparaît au contraire comme un être virtuel, contenant en ébauches amorphes, ou plus exactement sous forme de puissances latentes, tout l'être qui en naîtra.

En poursuivant le cours de notre raisonnement, avant d'en faire la critique, nous aboutirons à une notion complémentaire dont l'importance n'échappera pas à ceux qui ont suivi le mouvement scientifique de ces dernières années, et qui ont perçu l'écho des discussions parfois âpres surgies entre savants au sujet de la localisation des tendances héréditaires.

La période de petit accroissement, commune intégralement aux œufs et aux spermatozoïdes, ne peut être que celle où se prépare la morphogénèse spéciale, celle des petits caractères individuels, le plus souvent tardifs dans leur apparition. Tout ce qui s'y passe de visible est concentré dans le noyau et notamment dans les chromosomes qu'il contient. Le spermatozoïde mûr, n'est pour ainsi dire rien d'autre qu'un noyau auquel quelques différenciations cytoplasmiques donnent le pouvoir de se déplacer, de nager dans les liquides. On peut donc en conclure, sans dépasser la portée des faits, que la morphogénèse spéciale, (l'hérédité spéciale) trouvera dans le noyau des facteurs qui la réaliseront. Les conclusions que les génétistes avaient cru pouvoir dégager des belles recherches qu'ils ont poursuivies depuis quelques années (Th. Morgan, Cuénot, Guyénot, etc...) trouvent ainsi un fondement solide dans les faits établis, par une comparaison rationnelle de la formation des produits sexuels dans les deux sexes.

La période de grand accroissement, spécifique du sexe femelle, ne peut être, de son côté, que celle où s'élabore le substratum de la morphogénèse générale qui construira les formes et les organes de l'espèce. Elle est avant tout l'œuvre du cytoplasme et c'est en lui que doivent siéger tous les facteurs fondamentaux de cette construction. L'hérédité générale, pour employer d'autres termes, sera donc localisée dans le cytoplasme ; on verra par la suite que cette prévision est amplement vérifiée par un grand nombre de faits bien établis.

La période de grand accroissement cytoplasmique acquiert donc une importance capitale dans l'ordre d'idées suivi jusqu'ici, et le nom qui lui conviendrait

le plus exactement est celui de *période de promorphogénèse*. Mais dans la science les raisonnements les
mieux conduits ne suffisent pas et la sanction des faits
d'observation et d'expérience peut seule en consacrer
la valeur. Or, les lacunes des documents objectifs sont
encore nombreuses et importantes. Que sait-on en
réalité, et comme corollaire, que devrait-on savoir pour
se faire une représentation suffisamment précise de ce
qu'est la promorphogénèse et des étapes par lesquelles
elle passe ?

Ce que l'on sait, d'abord ! L'œuf, arrivé au terme de
sa croissance et plus encore à l'achèvement de sa maturation est, dans plusieurs cas bien connus, l'être
virtuel, à puissances latentes, pourvu des ébauches
dont nous avons plus haut postulé l'existence. Il en sera
donné des preuves suffisantes dans le prochain cha
pitre. Rappelons simplement ici l'hétérogénéité suivant l'axe de pôle à pôle, qui est l'indice le plus facilement accessible de cette constitution intérieure et
dont nous avons vu la manifestation de plus en plus
stricte au cours de la maturation.

Voilà un fait positif et dont l'importance est appréciable. Mais la question se pose maintenant de savoir
si cet état où se trouve l'œuf marque l'achèvement
d'une série des complications croissantes et se produi-
sant dans un ordre déterminé à partir du début du
grand accroissement, ou s'il s'est établi d'un coup, à
un moment donné, et n'a fait que se maintenir pendant que l'œuf grandissait ; où même encore si l'œuf
ne possédait pas déjà, dès ses débuts, quand il n'était
encore qu'une cellule souche, toutes les potentialités
de l'œuf mûr.

L'importance de cette question, sous son triple

aspect, n'échappera à personne, mais il est fort difficile d'y répondre, dans l'état actuel de nos connaissances, et cela pour une raison principale. Le seul moyen qui soit à notre disposition pour permettre d'apprécier le pouvoir morphogénétique d'un œuf, est de provoquer, par la mise en marche de son développement, le déroulement des potentialités qu'il renferme. Alors seulement l'analyse expérimentale peut s'en emparer. Or, il a été impossible jusqu'ici d'activer un œuf qui n'a pas atteint le terme de sa croissance et ne s'est pas engagé dans la voie de la maturation. La fécondation, par un spermatozoïde, d'oocytes aux divers stades de la croissance, a jusqu'ici régulièrement échoué. Ou bien le spermatozoïde n'entre pas ou bien il en entre plusieurs, mais même dans ce dernier cas, ils restent inertes, ou s'ils manifestent une certaine activité vitale dans le cytoplasme où ils se sont introduits, ils ne provoquent aucun des actes normaux de la fécondation. Il faut donc, pour que celle-ci soit effective, qu'un certain état du cytoplasme de l'œuf soit atteint. Dans quelques cas très rares et dont la signification reste d'ailleurs encore douteuse, on a pu faire pénétrer un ou des spermatozoïdes à un moment où cet état est presque atteint ; l'œuf a été activé, est entré en action, mais d'une façon anormale et complètement abortive.

Comme on le voit, ces essais ne sont guère encourageants ; il serait prématuré cependant de conclure à l'impuissance morphogénétique complète de l'œuf en accroissement. Ce que l'agent vivant naturel est incapable de faire, d'autres techniques dérivées de celles qui provoquent l'activation artificielle ou expérimentale pourraient peut-être le produire. Aucune recherche dans ce sens n'a encore été entreprise de façon suffisamment systématique ; il ne faut pas se dissimuler d'ailleurs qu'elle sera hérissée de difficultés et nécessitera de nombreux travaux d'approche. Peut-être aussi n'atteindra-t-elle pas le but désiré. Cette conclusion négative ne serait pas dénuée d'intérêt mais laisserait ouverte la question, qui devrait être reprise sur de nouvelles bases ; nous y reviendrons dans un instant.

Dans l'état présent des choses, le raisonnement ne peut s'appuyer que sur des bases fragiles, et dans le choix entre les diverses solutions possibles, les préférences personnelles ou la tournure d'esprit de chacun joue inévitablement un rôle considérable. Cherchons néanmoins à dégager l'idée qui nous semble à la fois la plus vraisemblable et la plus suggestive.

Tous les faits rapportés dans les pages précédentes, rendent vraiment inadmissible que la cellule souche, l'oogonie, ne soit qu'une miniature de l'œuf arrivé au terme de sa croissance et qui commence à mûrir ; s'il en était ainsi, la période de grand accroissement ne serait qu'une simple augmentation de volume, uniforme et purement quantitative. Dans ces conditions, on ne verrait aucune raison théorique pour que la maturation, puis l'activation ne puissent être aisément provoquées à tous les stades, par des procédés analogues à ceux qui réussissent si bien quand l'œuf a fini de croître. Puisqu'il n'en est certainement pas ainsi, c'est qu'il se passe au cours de l'oogénèse quelque chose de plus compliqué, et nous ne craignons pas d'ajouter que ces complications rendent le problème beaucoup plus intéressant.

Il est évident, d'autre part, que l'oogonie primaire,

la cellule souche de la lignée génitale femelle, n'est pas une cellule ordinaire ; ce n'est pas le milieu où elle vit et où elle évolue qui en fixe la destinée ; il ne peut que la favoriser et lui donner les possibilités de l'accomplir. D'ailleurs dans l'ovaire, il n'y a pas que des cellules sexuelles ; celles-ci sont plongées au milieu de beaucoup d'autres, folliculaires, conjonctives, glandulaires etc..., qui sont et restent spécifiées dans leurs fonctions et qui sont arrivées au terme de leur évolution. Quelles que soient leur origine primordiale et la cause immédiate de leur situation dans le corps de l'organisme, les cellules sexuelles ont, par définition même, des propriétés distinctives qu'elles ne peuvent qu'accomplir, sous peine de mort.

Quelle représentation peut-on se faire de ces propriétés primaires ? On peut l'exprimer par une formule qui est une transposition de celle que, plus haut, nous avons appliquée à l'œuf mûr ; celui-ci est déjà l'être futur à l'état virtuel, il contient les ébauches, amorphes mais matérielles, de toutes les parties du corps avec leur forme et leurs organes, représentées par une localisation des substances qui le composent. Son hétérogénéité physico-chimique, sur laquelle nous reviendrons dans le prochain chapitre, est l'expression exacte de la localisation de ces ébauches.

Dans l'oogonie souche, ces ébauches elles-mêmes ne peuvent exister qu'à l'état virtuel, ou plus exactement potentiel ; il ne s'y trouve que les sources de leur naissance, les causes originelles du long travail de construction et d'élaboration par lequel elles prendront corps. En d'autres termes, ces oogonies possèdent le facteur ou les facteurs qui, à un moment donné et probablement sous l'influence des conditions

ambiantes, oriente leur métabolisme — entièrement
analysable par les lois de la chimie et de la physique
— dans un sens tel que le substratum des ébauches
s'édifie et se localise. Dans quel ordre et sous quelle
forme se fait cette édification ? Nous l'ignorons encore ; mais quel qu'il puisse être, il apparaît certain
que toute intervention expérimentale pratiquée sur
l'œuf en croissance, ne pourra avoir pour résultat que
de l'enrayer et ainsi s'expliquent probablement les
échecs des essais d'activation d'œufs non mûrs.

Nous venons de dire que nous ignorons encore
l'ordre et la nature de ce travail constructeur de la
morphogénèse. Peut-on donc espérer les connaître un
jour ? Nous pensons qu'on peut très légitimement
formuler cet espoir, tout en reconnaissant que sa réalisation reste lointaine. Toute ébauche de l'œuf mûr
est une localisation matérielle, qui subira d'innombrables transformations pour devenir finalement ce
qu'elle doit être dans l'organisme formé. Chacune
d'elles pourra un jour être définie par le tableau de sa
composition physico-chimique et énergétique ; leur position respective dans l'ensemble de l'œuf, les relations
de toute sorte qu'elles affectent entre elles, pourront
aussi s'exprimer en formules ou par des courbes et des
graphiques ; ces éléments une fois connus, leur avenir
pourra être prévu avec une précision mathématique.

Cette connaissance, nous tenons à le répéter n'est
nullement un rêve ; elle est un programme pour l'avenir et est théoriquement accessible. Mais elle ne jettera
pas seulement des lumières sur la destinée des ébauches,
elle sera un merveilleux point de départ pour remon-
ter à leur source. A partir d'elles, on pourra en faisant
le même travail sur des stades de plus en plus reculés

de l'oogénèse, comparer et relier entre eux les tableaux, les courbes, les formules de leurs états successifs. En opérant ainsi, de proche en proche, toute l'évolution des ébauches apparaîtra, retracée sous la forme la plus exacte qu'il soit possible d'atteindre et l'œuf mûr sera solidement relié à la simple oogonie primaire.

Quand ce travail sera terminé, la science aura fait dans le problème obscur de la morphogénèse un progrès immense, car elle connaîtra les voies que suit l'organisation pour naître et se compliquer. Elle saisira la vie dans celles de ses manifestations qui apparaissent comme les plus mystérieuses. Mais il restera, si loin qu'on aille, une causalité dernière ; c'est celle qui réside dans l'oogonie souche et qui, en fin de compte, a tout provoqué, tout dirigé. On touchera là aux confins de la vie elle-même, non pas de la vie élémentaire telle que nous l'avons schématisée dans les premières pages de ce livre, mais d'une vie douée, en plus, d'un pouvoir strictement spécifique et dont la formule, si complètement exposée qu'elle puisse l'être, ne nous en révèlera pas l'origine. L'analyse scientifique s'arrêtera devant cette cause dernière, dont les sources ne pourront être cherchées que dans une évolution historique, hypothétique, puisqu'elle s'est produite dans un passé infiniment lointain et disparu à jamais.

Telle est la représentation de l'oogénèse qu'autorisent le mieux les faits connus ; elle n'est que l'interprétation qu'ils ont imposée à l'esprit. Elle est basée toute entière sur la conception d'un *développement* progressif relevant de causes internes, favorisées par des conditions ou des facteurs extérieurs. A tout développement, il faut un point de départ ; nous l'avons placé dans la cellule sexuelle souche, dans l'oogonie primaire et notre analyse s'est arrêtée là, parce qu'elle ne peut utilement aller plus loin. Rechercher l'origine de ces cellules avec leurs propriétés spécifiques dans l'organisme maternel où elles siègent ne peut que conduire à une impasse ou entraîner la pensée dans un cercle vicieux.

Dire, en effet, qu'elles ont acquis ces propriétés sous l'influence du milieu où elles ont pris naissance, ne fait que déplacer la question sans profit et est en contradiction avec des faits d'observation positifs qui ont établi, dans un nombre de cas assez imposant, que de tous les processus par lesquels passe l'œuf pour édifier le corps d'un nouvel organisme, celui de la différenciation des cellules sexuelles futures est l'un des plus précoces et même parfois le plus précoce. Chez l'Ascaris mégalocéphale, par exemple, un ver nématode célèbre par les recherches dont il a été l'objet, dès la première division de l'œuf fécondé, l'un des deux blastomères qui en dérivent peut être désigné, grâce à des caractères anatomiques très aisément reconnaissables, comme la souche unique de toutes les cellules sexuelles futures de l'organisme adulte. Dans un cas semblable et dans tous les autres analogues, il est évident que le milieu ambiant n'intervient à aucun titre comme agent de détermination. Et de même, si le milieu n'intervient pas à l'origine il ne le fait pas davantage dans la suite : l'œuf mûr ne lui doit pas ses propriétés spécifiques, celles-ci ne s'incorporent pas successivement à l'œuf par une épigénèse progressive complètement inintelligible et que n'appuie aucun fait. Tout ce que l'on sait démontre au contraire que le milieu ne fait que permettre à la destinée de l'œuf de se réaliser et l'empêche de mourir avant de l'avoir accomplie.

CHAPITRE V

LES PROPRIÉTÉS MORPHOGÉNÉTIQUES
DE L'ŒUF MUR ET DE L'ŒUF FÉCONDÉ OU ACTIVÉ

Nous nous sommes borné, jusqu'ici, à dire que l'œuf
mûr possédait, plus ou moins étroitement localisées,
les *ébauches* des diverses parties du corps de l'embryon
et de ses organes. Le moment est venu d'en fournir la
preuve, de préciser la nature de ces ébauches et d'examiner les changements que peuvent y apporter la
fécondation ou l'activation expérimentale. Il sera
possible, heureusement, de s'appuyer sur des faits qui,
bien qu'encore fragmentaires, ont une signification
assez claire pour ouvrir de séduisantes perspectives.
D'ailleurs on est autorisé et il est même légitime, de
faire, dans la masse de ces faits, un certain choix. C'est
ainsi que l'activation artificielle, maintenant que nous
allons saisir à plein corps le problème de la morphogénèse, ne retiendra plus guère notre attention.

En effet — et ceci sera dit une fois pour toutes —
une activation bien réussie aboutit à la formation d'une
larve normale, par des processus normaux. Elle a donc
à ce point de vue exactement les mêmes conséquences
que la fécondation par un spermatozoïde et ne peut les

produire que par les mêmes moyens. Au point de vue morphogénétique, l'œuf activé par un procédé quelconque de laboratoire ou par un agent vivant pose les problèmes dans les mêmes termes, doit être soumis aux mêmes méthodes et y répondre de la même façon. La grande valeur explicative de la parthénogénèse artificielle est de prouver que l'œuf, pour être activé complètement, n'a besoin que de combler un léger déficit substantiel ou de modifier l'état d'équilibre de son contenu. Ce fait acquis, ses ressources sont presque épuisées et nous n'aurons plus à lui faire, dans la suite, que de rares emprunts.

Dans la pratique, en effet, les recherches sont bien plus commodes sur l'œuf fécondé que sur l'œuf parthénogénétique. Si parfaites qu'elles soient, les méthodes d'activation artificielle restent des procédés de laboratoire ; il y a inévitablement des expériences qui réussissent et d'autres qui échouent plus ou moins complètement ; dans un lot d'œufs soumis à l'agent activant, il est rare que tous se développent également bien. L'expérimentateur ne dispose donc pas d'un « matériel » homogène, abondant et dont il peut disposer à tout moment, qu'il peut gaspiller dans les multiples essais qui sont toujours nécessaires. Enfin, les larves nées artificiellement sont toujours plus fragiles que les normales et donnent beaucoup de déchet.

Au contraire la fécondation, qui est le procédé naturel, donne des résultats uniformes et constants, permettant tous les contrôles nécessaires. Aussi est-ce à elle que l'expérimentateur a toujours recours et l'activation expérimentale n'est utilisée qu'à titre de comparaison ou en vue de l'interprétation de certains points spéciaux.

Les caractères de l'hétérogénéité de l'œuf mûr et de l'œuf fécondé. — Nous avons insisté déjà sur la polarité de l'œuf et notamment sur son absolue généralité ; l'œuf de toutes les espèces animales est polarisé suivant un axe qui passe par son centre et réunit deux pôles dits supérieur et inférieur (1).

De plus, et c'est tout aussi important, la polarité ne s'établit pas seulement lors de la maturation ; elle lui est bien antérieure et peut, dans la majorité des cas, être retrouvée à tous les stades de l'accroissement, jusqu'à l'oogonie primaire. L'hétérogénéité selon l'axe des pôles est donc un caractère fondamental et elle implique déjà une localisation des composants du cytoplasme, qui se maintiendra visible pendant une longue période du développement, constituant ainsi un précieux point de repère.

Mais l'hétérogénéité s'affirme encore par un autre caractère, tout aussi essentiel et dont l'origine remonte peut-être aussi loin dans la vie de l'œuf que la polarité elle-même. C'est la *symétrie bilatérale*. Elle consiste en ce qu'il existe un plan unique qui, passant par les deux pôles, coupe l'œuf en deux moitiés exactement semblables et qu'on peut appeler droite et gauche. Chaque moitié est ainsi l'image symétrique de l'autre (fig. 14).

Voilà donc deux caractères primordiaux qui traduisent une constitution définie de l'œuf fécondé. Ils

---

(1) On appelle souvent aussi les pôles supérieur et inférieur, pôle animal et pôle végétatif ; il est vrai que le premier est le plus actif et que le second n'entre en action que plus tardivement. Ces dénominations ont le grand défaut de ne bien s'appliquer qu'à certaines catégories d'œufs seulement. Nous ne les retiendrons donc pas.

signifient que les substances ovulaires (cytoplasmiques) ne sont pas simplement stratifiées suivant l'axe des pôles mais que dans chaque couche les substances qui la composent — du moins celles qui sont importantes pour la morphogénèse — sont réparties, non pas uniformément *autour* de l'axe, mais symétriquement à droite et à gauche d'un plan passant par cet axe.

Il est intéressant d'examiner de plus près la symétrie bilatérale, parce que sa valeur morphogénétique est peut-être plus grande encore que celle de la polarité. Dans de rares cas, on a pu reconnaître des indices d'une symétrie bilatérale à des stades reculés de l'oogonèse, voire dans l'oogonie ; mais il n'est nullement certain que le plan qui la détermine soit le même que dans l'œuf fécondé et de plus les détails qui la décèlent n'ont pas toujours une grande portée démonstrative. C'est plutôt un postulat que l'expression d'un fait constaté de dire que tout œuf, à quelque stade qu'il soit de son évolution, possède un plan de symétrie bilatérale, et surtout que ce plan, comme la polarité, se maintient immuable pendant toutes les transformations ultérieures.

Il n'en est plus de même quand la maturation se fait ; dans certaines espèces, après le flétrissement de la vésicule germinative, on assiste vraiment à un remaniement du contenu de l'œuf et on le voit se répartir également à droite et à gauche d'un plan vertical. Dans les cas les plus heureux, cette constatation se fait aisément, sans aucune technique compliquée, par l'étude directe, sous le microscope, de l'œuf vivant. On est donc autorisé, dans ces cas, à parler de *l'apparition* d'un plan de symétrie bilatérale et d'une localisation nouvelle, précise et probablement définitive des matériaux formateurs contenus dans le cytoplasme de l'œuf.

Dans d'autres cas encore, notamment chez la grenouille, l'œuf pondu et en voie de maturation n'offre rien de spécial à l'examen extérieur. Il est polarisé, mais sans différenciation visible autour de l'axe. A peine est-il fécondé qu'on assiste à un remaniement

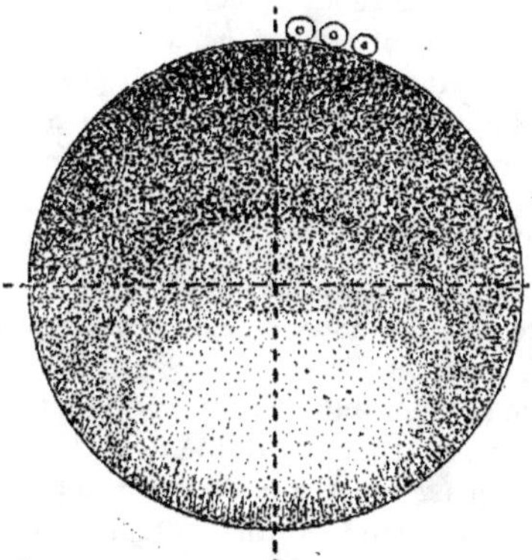

Fig. 14. — Représentation schématique de l'œuf fécondé de grenouille. Le croissant gris est en pointillé. La ligne verticale indique le plan de symétrie bilatérale. La ligne horizontale est l'équateur.

de ses couches superficielles et une bande grisâtre, en forme de croissant, apparaît en un point de sa région équatoriale et un peu au-dessous d'elle. Dès ce moment, le plan de la symétrie bilatérale saute aux yeux ; il coupe le croissant gris dans sa partie la plus large, et le divise en deux moitiés, droite et gauche (fig. 14).

Il existe enfin de nombreux œufs qui, même après fécondation, ne décèlent leur structure symétrique par aucun caractère visible ; pour la mettre en évidence, il faut user d'artifices expérimentaux qu'il serait prématuré d'exposer maintenant ; nous dirons seulement qu'ils démontrent, plus sûrement que n'importe quel procédé direct, que ces œufs ne font pas exception à la règle générale.

Ces données acquises, on peut serrer de plus près la question et en dégager la véritable signification.

Tout d'abord, il est extrêmement probable que, si l'œuf en période d'accroissement possède vraiment une symétrie bilatérale, elle est indécise, labile et sans doute plutôt virtuelle que réelle. Rien ne prouve que si elle existe vraiment elle est toujours identique à celle qui apparaît plus tard et est définitive. En outre, les observations rappelées plus haut indiquent sans laisser de place au doute que les remaniements visibles qui accompagnent et créent la symétrie bilatérale définitive de l'œuf mûr parfois, de l'œuf fécondé dans tous les cas, sont une véritable *mise en place* de matériaux cytoplasmiques qui, *formés* pendant l'oogénèse, sont restés jusqu'alors diffus ou répartis d'autre façon. Il y a là, de toute évidence, un acte important qui s'accomplit dans l'œuf brusquement et sous l'influence de facteurs qu'il faut chercher à dégager. Cette mise en place, une fois déclenchée, ne suit certainement pas des voies quelconques, elle doit être dirigée, orientée par un facteur certainement accessible à la recherche, mais qui peut ne pas être le même dans tous les œufs.

Un exemple caractéristique, beaucoup étudié et par conséquent relativement bien connu va, dans cet ordre d'idées, nous donner de précieuses indications : c'est l'œuf de la grenouille commune.

Nous avons déjà dit qu'au moment de la ponte,

arrêté à mi-chemin de sa maturation, il n'offre aucune trace appréciable de bilatéralité, mais que celle-ci devient visible au premier coup d'œil dès que la fécondation est achevée.

L'idée s'impose immédiatement d'une action exercée par le spermatozoïde et les faits en confirment la justesse. Quand on examine des œufs fécondés depuis

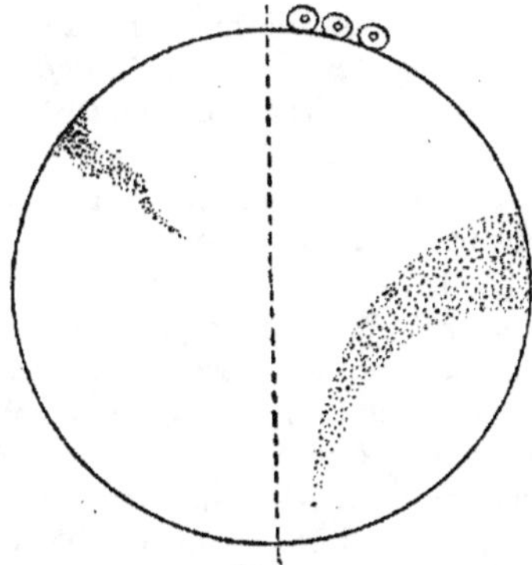

Fig. 15. — Même œuf que figure 14 mais vu de côté. La ligne verticale indique le plan qui le coupe en une moitié dorsale contenant le croissant gris, et une moitié ventrale où se trouve le sillage du spermatozoïde.

deux heures et demie environ, on constate que le sillage laissé par le spermatozoïde dans le cytoplasme ovulaire, est toujours exactement dans le plan de symétrie bilatérale et dans la moitié de l'œuf opposée à celle occupée par le croissant gris (fig. 15 et 16). Il y a donc, en un mot, une coïncidence constante entre le méridien de fécondation et la plan ou méridien de bilatéralité.

Cette coïncidence est remarquable en elle-même, mais elle doit être expliquée car il y a deux éventualités possibles : le plan méridien de fécondation peut être préformé dans l'œuf par une vague symétrie bilatérale primaire de ses matériaux constitutifs et être la seule voie libre à l'entrée du spermatozoïde ; ou bien celui-ci peut pénétrer par n'importe quel méridien et provoquer sur son passage, vers la droite et vers la gauche, le long de son sillage, un remaniement, un déplacement des matériaux cytoplasmiques de l'œuf aboutissant à l'apparition du croissant gris et d'une symétrie bilatérale créée de toutes pièces.

Il n'est plus douteux que chez la grenouille, c'est la seconde éventualité qui se réalise et il est aisé de le prouver. Qu'il n'y ait pas de méridien (= plan) de fécondation préétabli, c'est ce que démontre clairement la polyspermie, si aisée à provoquer artificiellement : dans les œufs polyspermiques, un nombre plus ou moins grand de spermatozoïdes pénètrent simultanément dans l'œuf par les points les plus divers de sa surface. On peut en retrouver les sillages dans tout l'hémisphère supérieur, depuis le pôle jusqu'à l'équateur. Une seconde preuve, très élégante et aussi décisive, est encore offerte par l'œuf de grenouille : on peut y réaliser des « fécondations localisées », c'est-à-dire que l'expérimentateur peut, à son gré, faire entrer le spermatozoïde selon un méridien arbitrairement choisi par lui (W. Roux) : ce méridien devient le plan de symétrie bilatérale et le centre du croissant gris est diamétralement opposé au point de pénétration de l'agent fécondant.

Les faits répondent donc sans ambiguïté : chez la grenouille le plan de symétrie bilatérale de l'œuf fé-

condé a sa source dans une réaction du cytoplasme
de l'œuf au contact du spermatozoïde, d'où elle se propage dans un sens déterminé. Sa position est donc une
des conséquences principales de la fécondation et
comme elle résulte essentiellement de mouvements
internes, de déplacements de substances sans changement appréciable de leur composition chimique, on
a donné à cet acte spécial le nom de « manifestation
dynamique de la fécondation ».

Cette « manifestation » dont l'importance est capitale
pour l'avenir morphogénétique de l'œuf, vient se ran-
ger sur un pied d'égalité, à côté de l'apport par le spermatozoïde des chromosomes qui manquent à l'œuf
et de la dicentrie qui marque l'achèvement de l'activation naturelle.

Mais la question se pose de savoir si le cas, très
remarquable d'ailleurs, de l'œuf de grenouille, peut
être généralisé et s'il s'étend à tous les animaux. La
réponse à cette question est négative ; en réalité, l'œuf
de grenouille est le dernier chaînon d'une série de
variantes qui achèveront de nous faire connaître les
propriétés intrinsèques de l'œuf. On peut dire, d'une
façon très générale et en synthétisant les résultats de
nombreux travaux récents, que dans la fécondation
normale, le spermatozoïde provoque toujours dans
l'œuf des manifestations dynamiques. Sa pénétration
est partout suivie de mouvements et du déplacement
de certains constituants du cytoplasme ; il intervient
dans tous les cas dans la mise en place des ébauches
morphogénétiques, mais souvent simplement pour en
assurer l'achèvement. Chez les Tuniciers par exemple,
où la symétrie bilatérale de l'œuf s'extériorise plus
clairement encore que chez la grenouille (E. G. Conklin)

il est pour le moins douteux que le plan qui sépare les deux moitiés droite et gauche ne préexiste pas à la fécondation et n'ait sa source dans l'œuf lui-même ; chez des Annélides et des Mollusques, il semble que l'aide apportée par la fécondation dans la localisation définitive des ébauches soit plus minime encore et que la maturation soit le facteur principal. Dans ces cas, il est vraisemblable que le spermatozoïde suit une voie tracée d'avance et n'agit que comme un adjuvant dont l'efficacité offre des degrés divers.

Cette série décroissante tend, on le voit, à remettre l'œuf au premier plan ; son dernier terme, hautement instructif, est représenté par l'activation artificielle ou expérimentale. Puisque, quand elle est réussie, elle permet une morphogénèse complète, c'est que l'œuf, abstraction faite de tout agent vivant a pu, par ses seules forces, localiser ses ébauches de part et d'autre d'un plan de symétrie bilatérale. L'existence de cette symétrie, pour la grande majorité des œufs qui ont été soumis à ce genre de recherches, n'a pas pu être constatée *de visu* et est plutôt une déduction naturelle tirée de l'allure normale du développement parthénogénétique ; heureusement, l'œuf de grenouille permet une fois de plus de serrer les faits de plus près.

Bataillon a fait connaître une méthode d'activation d'un admirable simplicité : la piqûre légère, avec un fin stylet de verre. Or cette opération, pratiquée sans l'introduction d'aucun autre élément susceptible de modifier le chimisme de l'œuf, suffit à provoquer chez la grenouille, dans le même temps que par la fécondation normale, l'apparition d'un croissant gris aussi beau et aussi net que s'il avait été produit par un spermatozoïde. Seulement, tandis que le sillage de ce dernier est toujours dans le plan de symétrie bilatérale, la trace de la piqûre, longtemps visible, n'affecte avec lui aucune espèce de relation et peut faire tous les angles possibles. La conclusion est claire. Le stylet a provoqué dans l'œuf une réaction qui a mis les ébauches en place, mais il n'en a pas dirigé le sens ; c'est l'œuf qui a tout fait ; il possède donc en lui des voies sinon préformées, du moins de préférence, qu'ont suivi ses matériaux dans leurs déplacements.

On peut légitimement en conclure que, dans l'œuf mûr, la disposition symétrique des matériaux cytoplasmiques existait déjà, mais vague, imparfaite, instable ; les remaniements qui succèdent à l'activation artificielle suivent les voies qu'elle leur a tracées ; mais dans la fécondation naturelle, le spermatozoïde bouleverse cette symétrie primaire et la remplace par une autre dont il est le centre. Dès lors, tous les degrés d'importance de la « manifestation dynamique » de la fécondation s'éclairent, s'expliquent et mettent en lumière un facteur chronologique dont l'importance apparaîtra plus encore dans la suite et dont la mise en lumière dissipera bien des malentendus entre chercheurs d'égale bonne foi, et dont les résultats paraissaient inconciliables.

En réalité, de même que l'œuf, arrivé au terme de sa croissance, cherche à poursuivre son évolution par ses seules forces et à subir sa maturation, à entrer en développement, mais sans y parvenir, de même, et de façon concommittante, les matériaux constructifs de l'embryon futur tendent à se mouvoir, à venir se mettre en place définitive, à droite et à gauche d'un plan vertical. Mais selon que l'œuf tombera en inertie un peu plus tôt ou un peu plus tard, ce mouvement ne sera pas encore ébauché ou sera déjà en marche. Dans le premier cas l'action du spermatozoïde, en activant l'œuf, atteindra son maximum ; non seulement il déclenchera la mise en place des matériaux de la morphogénèse, mais il la dirigera, l'orientera, parce que la réaction, partant de lui, s'irradiera tout naturellement autour de lui : il en est ainsi dans l'œuf de grenouille et probablement dans beaucoup d'autres encore. Dans le second cas, l'œuf, sorti de son inertie, poursuivra simplement la voie dans laquelle il s'était déjà engagé et l'influence du spermatozoïde, plus modeste, lui permettra d'aller jusqu'au bout.

La manifestation dynamique de la fécondation, entendue en tant que localisation définitive des ébauches, sera donc totale, ou nulle, ou bien elle affectera une allure intermédiaire entre ces deux extrêmes, selon le moment où s'établira dans l'œuf l'inhibition des processus qui caractérisent son inertie. Il n'y a donc aucun désaccord entre les faits observés par les divers auteurs dans des cas particuliers ; ils s'enchaînent au lieu de se contredire et une fois le lien découvert, toutes les variantes trouvent leur place dans un cadre solidement construit.

Ainsi s'achève notre revue des phénomènes essentiels de l'activation et de la fécondation. L'importance primordiale de l'œuf, l'influence accessoire du spermatozoïde se trouvent mises en évidence autant que le permet l'état actuel de la science ; en effet, nous nous sommes gardé de schématiser, nous n'avons pas forcé la signification des faits ; nous nous sommes borné à donner dans une vue d'ensemble le sens réel et actuel des efforts d'un grand nombre de chercheurs, dans un domaine où abondent les difficultés de toute nature.

Le lecteur éprouvera peut-être quelque étonnement, voire quelque déception de ce que, dans notre exposé des différents actes de la fécondation et de l'activation, et spécialement à propos de l'apparition de la symétrie bilatérale et de la mise en place des ébauches, nous n'ayons guère cherché à pénétrer dans l'intimité des phénomènes, en décrivant les changements d'ordre physique et chimique qui les accompagnent ou qui les provoquent. Sans doute la physico-chimie de la fécondation est un admirable programme de recherches ; tout ce qui est relaté dans les pages qui précèdent, mouvements et déplacements de matières, tout ce que fait la vie pendant cette grande période de l'ontogénèse des organismes, se réalise par des moyens qui s'insèrent dans les lois de la chimie et de la physique et doivent être accessibles aux techniques qui les décèlent habituellement.

Mais ici, plus encore que pendant la maturation, la tâche est extrêmement ardue et trop souvent le terrain se dérobe. Dans ces dernières années, un nombre déjà imposant de chercheurs se sont mis à l'œuvre (1) non seulement avec persévérance, mais encore avec une surprenante ingéniosité dans les idées directrices comme dans les méthodes ; mais ce qu'on a découvert jusqu'ici est encore fragmentaire, et il

---

(1) Bien que dans ce livre on ait renoncé aux références bibliographiques, il faut citer ici les noms de quelques-uns de ces défricheurs d'un terrain presque vierge ; ce sont : J. Lœb, Bataillon, F. R. Lillie, M. Herlant, Fauré-Frémiet, Heilbrunn, Chambers, Vlès, Dalcq, Runnström, etc...

n'est pas possible de rassembler en une synthèse, même provisoire, les faits observés. Nous en citerons quelques-uns, parmi les plus significatifs.

On a constaté que l'œuf, au moment où il est activé, se perméabilise et expulse une quantité appréciable d'acide carbonique ; immédiatement après, le taux de sa consommation d'oxygène augmente dans d'énormes proportions, à tel point que cette élévation prend la valeur d'un véritable criterium d'une activation effective. On a suivi la répartition des lipoïdes dans l'œuf mûr, et leur dispersion sous l'influence de la fécondation ; on a de bonnes raisons de supposer que l'un des facteurs qui provoquent les mouvements et les déplacements des matériaux du cytoplasme, est le changement dans leur tension superficielle dû à l'imbibition de la tête du spermatozoïde par les sucs ovulaires, et aussi la dissolution dans ces sucs de certaines substances apportées par la cellule mâle. On a reconnu que la préparation à la division de l'œuf se traduit par une gélification du contenu cellulaire et une augmentation de sa viscosité ; on a constaté aussi que la fécondation augmente la conductibliité électrique, on a noté des variations du pH, c'est-à-dire de la teneur en ions H, et du rH, c'est-à-dire du pouvoir d'oxydo-réduction. On a mis en évidence d'autres variations encore, dont certaines sont cycliques et réversibles et se reproduisent plus ou moins exactement, à chaque division de la cellule.œuf.

Ce sont là sans doute, de précieuses indications, fort encourageantes, mais des indications seulement. Au point de vue morphogénétique notamment, qui nous intéresse spécialement, elles ne peuvent que traduire des phénomènes intimes dont la nature échappe encore et dont les relations avec la fonction spécifique de l'œuf ne sont pas établies.

Dans les questions que nous venons de traiter et plus encore dans celles qui feront l'objet des prochains chapitres, on en est encore réduit, par la force même des choses, aux méthodes d'analyse simplement biologiques, la période physico-chimique en est à ses premiers tâtonnements, mais il n'est pas douteux que l'avenir soit à elle.

CHAPITRE VI

LA NOTION DES LOCALISATIONS GERMINALES

Au point où nous en sommes arrivé, on peut résumer en une vue d'ensemble et définir de façon assez précise la nature et les propriétés spécifiques de l'œuf fécondé ou activé. Anatomiquement, il est une cellule avec un noyau complet, un corps cytoplasmique abondant, dans lequel le microscope ne découvre, mélangés au cytoplasme fondamental, que des granulations, des mitochondries, puis des dépôts et des enclaves plus volumineuses : graisses, lipoïdes, lécithines, protéides, etc... qui seront entraînés plus tard dans le métabolisme général. Sa forme est régulièrement sphérique et on peut y distinguer aisément deux pôles, l'un supérieur, moins riche d'enclaves et dans le voisinage duquel se trouve le noyau, et l'autre inférieur, où les dépôts sont plus abondants. On peut également lui reconnaître un équateur et des méridiens, dont l'un correspond à un véritable plan de symétrie bilatérale, qui divise l'œuf en deux moitiés, droite et gauche. Chacune de ces moitiés a la même composition, tout comme les moitiés droite et gauche de notre propre corps.

Mais l'existence même d'une symétrie bilatérale implique une répartition spécifique des matériaux dans chacune des deux moitiés et une hétérogénéité, non seulement suivant l'axe des pôles, mais aussi dans le sens horizontal, le long des faces du plan de symétrie.

Dans l'œuf de grenouille, qui est très caractéristique et qui peut être pris comme type pour préciser ce

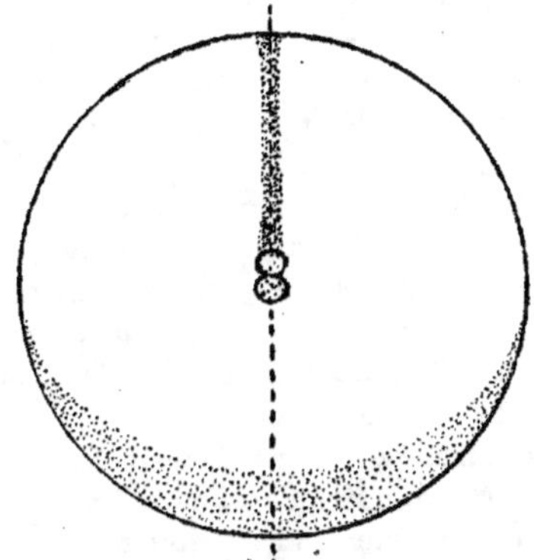

Fig. 16. — Coupe horizontale du même œuf passant un peu au-dessus de l'équateur. En bas le croissant gris. En haut le sillage spermatique. La ligne pointillée indique le plan de symétrie bilatérale.

point, le plan de symétrie coupe dans une moitié de l'œuf, au-dessus de l'équateur, le sillage laissé par le spermatozoïde fécondant et, au point diamétralement opposé, la partie la plus large, moyenne, du croissant gris (fig. 16). Il en résulte que chacune des moitiés de l'œuf ou plus simplement, puisque le plan de symétrie n'est que virtuel, l'œuf entier peut aussi, pour la clarté de l'exposé, être divisé par un plan fictif, vertical, perpendiculaire au méridien de symétrie bilatérale, en une moitié contenant le croissant gris, que nous appellerons dorsale, et une autre renfermant le sillage spermatique, qui sera dite ventrale (fig. 15 et 16).

L'œuf est donc ainsi décomposé en quatre quartiers, mais de valeur très inégale ; deux quartiers dorsaux, l'un droit et l'autre gauche et deux quartiers ventraux, également droit et gauche.

Les termes que nous avons employés pour établir ces distinctions, ne sont ni arbitraires ni conventionnels. En effet, l'étude minutieuse du développement de l'œuf de grenouille démontre, et nous le prouverons plus tard, que les moitiés droite et gauche de l'œuf donneront naissance respectivement aux moitiés droite et gauche de l'embryon et de l'organisme adulte; par conséquent le plan de symétrie bilatérale de l'œuf, créé comme nous l'avons vu par la fécondation, est aussi le plan de symétrie définitif ; de même on constate que la moitié dorsale, composée de ses deux quartiers, formera essentiellement les organes dorsaux du corps, tandis que la moitié ventrale donnera les organes ventraux. Les premiers, chez les Vertébrés du moins, sont les plus importants et les plus caractéristiques, puisqu'ils comprennent le système nerveux central tout entier et les nerfs périphériques, la chorde dorsale qui est le squelette primaire, une grande partie du crâne et la colonne vertébrale, enfin les muscles dorsaux, striés, constituant la musculature volontaire. Les organes ventraux appartiennent surtout aux systèmes digestif et vasculaire.

Il est clair que ces moitiés dorsale et ventrale ne sont pas simplement accolées, mais se continuent entre elles par une sorte de zone intermédiaire ou plutôt de transition, où prendront naissance des organes qui ne sont ni exactement ventraux, ni dorsaux, comme par exemple l'appareil génito-urinaire. Enfin, dans la partie sus-équatoriale de la moitié dorsale, apparaitra la tête et spécialement le cerveau, tandis que l'extrémité caudale du tronc et la queue naitront dans le voisinage immédiat du pôle inférieur. (fig. 26).

Le découpage de l'œuf que nous venons de faire selon les potentialités évolutives particulières de ses parties, établit et précise ce qu'on appelle très généralement ses *localisations germinales* (Edm. B. Wilson). Elles expriment la valeur prospective des diverses régions de l'œuf et la situation des ébauches — encore virtuelles — dont elles sont le siège.

Il est toutefois un point auquel nous devons toucher dès maintenant pour que le lecteur ne se fasse pas des localisations germinales une idée trop schématique et trop rigide. Il ne faudrait pas croire que, même dans l'œuf de grenouille, toutes les différenciations se font sur place, par simple organisation et différenciation, sans déplacement des substances. Le développement n'est jamais aussi simple. L'emplacement des ébauches ovulaires n'est jamais exactement celui des organes qui en proviendront. Les mouvements internes qui les ont mises en place dans l'œuf fécondé, se poursuivent pendant toute la durée du développement et il en est qui prendront une grande très amplitude ; car l'œuf fécondé n'est aucunement l'organisme adulte en miniature, il n'en est que le canevas sur lequel la morphogénèse brodera des méandres nombreux et compliqués. Mais ces réserves faites, et on verra toute leur importance dans la suite, il n'en reste pas moins que la notion des localisations germinales de l'œuf, en tant que prélude à la morphogénèse, est d'une immense valeur théorique en même temps qu'elle est extrêmement commode.

Nous avons choisi comme type, pour fonder cette notion, l'œuf de grenouille parce qu'il est un de ceux qui ont été le plus étudiés et aussi parce qu'il offre une base très solide à un exposé simple et clair. Cependant tous les œufs fécondés ne sont pas construits sur le même modèle ; il est évident que si tous ont à un moment donné une symétrie bilatérale, les ébauches virtuelles qu'ils contiennent, leur situation, les déplacements qu'elles subiront encore, dépendent de l'organisation et de la structure de l'animal adulte auquel elles donneront naissance. Elles se présenteront tout autrement chez les Echinodermes, les Mollusques ou les Vers que chez les Vertébrés ; en un mot si elles existent partout, les localisations germinales ont une valeur spécifique pour chaque espèce d'œufs. Pour l'objectif que nous nous sommes donné ici, un exemple bien choisi suffit, puisqu'il n'est qu'un cas particulier d'une loi générale.

Toutefois les différences ne sont pas toutes de cet ordre. Dans les œufs d'un même groupe et même de deux espèces voisines, les localisations germinales peuvent être assez différentes à un même moment de leur évolution ; nous aurons dans la suite l'occasion d'étudier avec quelque détail l'une de ces différences : le degré de stabilité ou de labilité de la répartition des ébauches qui, on ne saurait trop le répéter, sont dans l'œuf fécondé purement matérielles et non encore organisées. Il en est une autre, toute aussi fréquente et dont l'importance n'est pas moindre ; elle dépend du facteur temps.

Nous avons vu plus haut qu'un des actes principaux de la fécondation est de mettre en place ou d'achever de mettre en place les matériaux du cytoplasme qui formeront la substance des localisations germinales. Cette mise en place peut être rapide ou lente et même, entre les diverses ébauches d'un œuf, des différences chronologiques peuvent exister. Dans l'œuf de grenouille, tout va relativement vite et deux ou trois heures après la fécondation, avant même que la segmentation n'ait commencé, on peut, comme nous l'avons fait, dessiner sur un œuf la carte de ses localisations les plus essentielles. Mais il est d'autres œufs où les mouvements sont plus lents et où l'état réalisé chez la grenouille en deux heures n'apparait que plus tardivement, quand l'œuf s'est déjà divisé de nombreuses fois. Il semble bien qu'il en soit ainsi chez le Triton, qui est un Amphibien urodèle, parent assez proche de la grenouille (1). Comme on le voit, c'est le facteur temps et lui seul, qui, ici comme dans les manifestations dynamiques de la fécondation, fait obstacle à la généralisation à tous les œufs de ce qui a été dûment observé individuellement dans l'un d'entre eux. Nous aurons encore l'occasion, dans la suite, d'en souligner le rôle et l'importance.

Les débuts du développement de l'œuf. Les relations entre la segmentation et la morphogénèse. — L'achèvement normal de l'activation est la division

(1) Tout récemment Spek, dans un intéressant travail portant sur l'œuf d'un Cténophore a fait connaître, à ce point de vue, des détails fort instructifs et qui ouvrent à l'expérimentation des voies probablement fructueuses.

de l'œuf en deux cellules : division régulière, normale, répondant aux lois générales de la cytologie ; puis les deux premiers blastomères ainsi formés se divisent eux-mêmes et ainsi de suite. (Fig. 10). Pendant long-temps, le volume total de l'œuf n'augmente pas ou peu. Celui-ci semble se découper simplement en cellules de plus en plus petites et cela parait occuper toute son activité. A un moment donné, les cellules issues de cette segmentation ont acquis une taille au-dessous de laquelle elles ne peuvent plus descendre et qui est celle des cellules ordinaires composant le corps de l'organisme adulte. A partir de ce moment, les cellules continuent encore à se diviser, mais elles ne diminuent plus de taille parce qu'elles grandissent entre deux divisions successives ; l'œuf doit se nourrir et il le fait par des procédés variables selon les groupes. Il s'accroît, se déforme, et la morphogénèse propre-ment dite commence.

Les débuts du développement, dont il sera question dans ce chapitre, consistent donc en un morcellement de l'œuf en cellules, auquel on donne le nom de *seg-mentation*. Nous en examinerons surtout les premières phases parce qu'elles sont les plus intéressantes pour la solution des problèmes qu'elle soulève.

La première division, qui déclenche toutes les autres est, comme on l'a vu au chapitre III, la conséquence de la dicentrie de l'œuf, c'est-à-dire du pouvoir qu'ont acquis, grâce à la fécondation ou à une activation complète, certains des constituants du cytoplasme de s'orienter, en d'autres termes de se gélifier, autour de deux centres, en constituant des « asters ».

L'idée vient tout naturellement à l'esprit que la position des centres de cette prise en gel des colloïdes

cytoplasmiques, est régie par la localisation des
ébauches, par la répartition des localisations germinales ; dans cet ordre d'idées, on peut théoriquement
prévoir trois orientations possibles de l'axe réunissant
les deux centres de division. L'orientation polaire, l'un
des centres étant tourné vers le pôle supérieur, l'autre
vers le pôle inférieur. Une orientation horizontale,
l'axe étant perpendiculaire au plan de symétrie, le
plan de division du système coïncidant alors avec ce
plan (Fig. 17) ; une autre forme enfin d'orientation
horizontale, où l'axe coïncide avec le plan de symétrie bilatérale (fig. 18, comparer avec fig. 16). Ces
trois dispositions que le raisonnement postule, se ren-
contrent dans la réalité, variant selon les espèces ;
mais ce qui est plus remarquable et d'une explication
malaisée, c'est qu'on peut en observer beaucoup
d'autres encore et que l'œuf d'une même espèce
peut se comporter de façon très différente.

On ne peut prendre de meilleure base pour l'examen
de cette question que des œufs bien étudiés, bien
connus, dont la symétrie bilatérale se révèle clairement à l'observation directe ou par une intervention
expérimentale simple : ceux des Amphibiens urodèles
et anoures.

Dans ces œufs, l'orientation polaire de l'axe de
division ne se produit jamais, dans les conditions normales ; on ne peut la provoquer que par des moyens
artificiels qui bouleversent plus ou moins les matériaux
cytoplasmiques et rendent le développement patholo-
gique.

L'axe est donc toujours horizontal, mais il peut
être orienté dans des sens divers ; chez la grenouille, par
exemple, où la présence du croissant gris constitue un

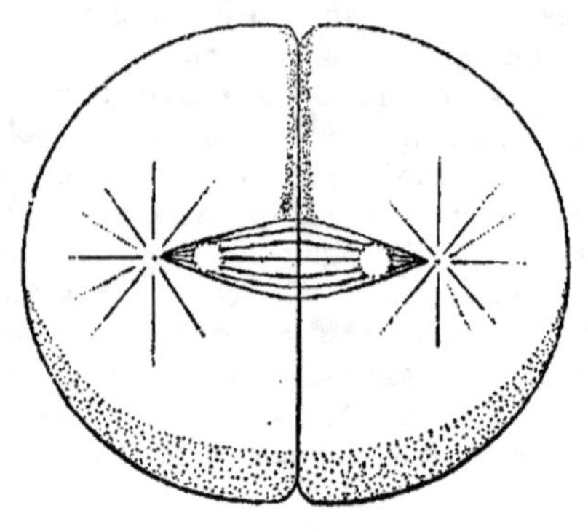

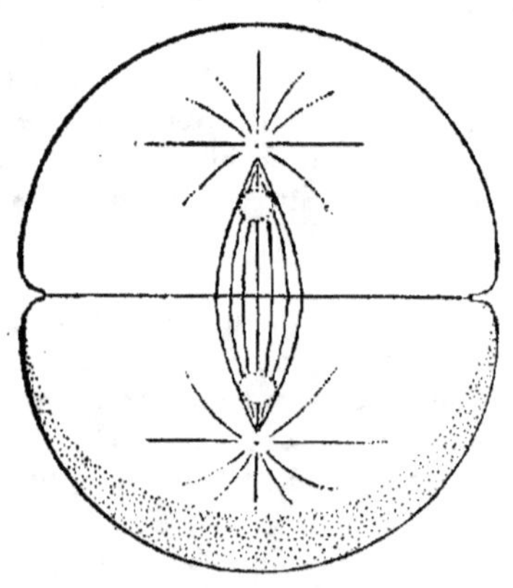

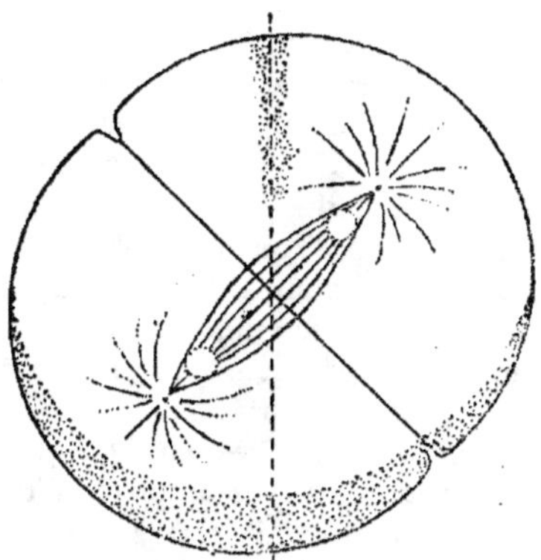

Fig. 17, 18, 19. — Trois des rapports que peut affecter le premier
plan de division avec le plan de symétrie (en pointillé) : fig. 17,
coïncidence ; fig. 18, ils sont perpendiculaires ; fig. 19, ils sont
obliques à 45°.

point de repère remarquablement net, il est assez souvent perpendiculaire au plan de symétrie bilatérale,
et par conséquent les deux blastomères formés sont
exactement droit et gauche (Fig. 17). C'est là la position de préférence, mais dans un certain nombre de
cas, 8 °/₀ environ, il est disposé en sens inverse et
coïncide plus ou moins complètement avec le plan de
symétrie. Le plan de division cellulaire, toujours perpendiculaire à l'axe des centres, découpera donc l'œuf
en un blastomère dorsal et un ventral (Fig. 18). Entre
ces deux extrêmes, on rencontre toute une série d'intermédiaires, si bien que l'axe de division peut faire
avec le plan de symétrie tous les angles possibles,
vers la droite ou vers la gauche (Fig. 19). Il n'y a donc
d'absolu que l'horizontalité de la ligne des centres.

Chez le triton il en est à peu près de même et il n'y a de différence que dans le pourcentage des cas : il suffira de noter que la coïncidence de l'axe et du plan de symétrie parait beaucoup plus fréquente que chez la grenouille.

On ne peut tirer de ces faits qu'une seule conclusion, c'est que la topographie des localisations germinales n'est pas la cause déterminante de l'axe de dicentrie de l'œuf et par conséquent du plan suivant lequel se fera la première segmentation.

Ces variations dans des œufs qui par ailleurs sont complètement normaux, n'auraient qu'une importance relative et s'expliqueraient sans trop de difficultés, si les processus internes de la division de l'œuf s'accompagnaient de mouvements et de déplacements des ébauches, tendant à les remettre en bonne place, à droite et à gauche du plan de division quel qu'il soit. Le conflit entre les localisations germinales et l'orientation de la première division s'aplanirait de lui-même et les deux premiers blastomères seraient toujours les mêmes. Mais l'expérience montre qu'il n'en est pas ainsi, et qu'au contraire l'ordonnance des localisations germinales reste inchangée quel que soit le méridien suivant lequel la première division s'effectue ; leur répartition dans les deux premiers blastomères et par conséquent les potentialités morphogénétiques de ceux-ci varient donc dans les mêmes limites que la segmentation.

On peut donner de ce fait fondamental une démonstration claire et sans ambiguïté. Dans un œuf de grenouille divisé en deux selon un plan coïncidant avec le plan de symétrie bilatérale, les deux blastomères sont, comme nous l'avons vu, respectivement droit et gauche. Si on tue l'un des deux avec une fine aiguille, le survivant se développe et forme un *hémi-embryon* droit ou gauche selon le côté sur lequel a porté l'opération (Fig. 20). Hémi-embryon signifie naturellement ici, moitié droite ou moitié gauche d'un embryon normal. Si on choisit un œuf dont les deux blastomères sont l'un ventral et l'autre dorsal, séparés par un plan perpendiculaire au plan de symétrie, et si on détruit le blastomère ventral, le survivant édifie un embryon partiel, ne possédant que les organes dorsaux (Fig. 21). Enfin si on prend un troisième œuf, où le plan de segmentation est intermédiaire entre ces deux extrêmes et fait avec le plan de symétrie bilatérale un angle de 45° vers la gauche, par exemple, et si on tue le blastomère ventral et gauche, l'autre donnera naissance à trois quarts d'embryon dorsal et droit, c'est-à-dire que sa tête et sa nuque seront complètes, mais que le tronc sera presque entièrement constitué d'une moitié droite seulement (Fig. 22).

Cette preuve est assez décisive pour qu'il soit inutile d'y ajouter le moindre commentaire, et dès lors la conclusion s'impose, que la segmentation de l'œuf n'a pas de valeur morphogénétique propre, qu'elle n'est qu'un découpage, qu'enfin, les potentialités des blastomères dans les œufs d'une même espèce peuvent varier dans de larges limites.

Mais puisqu'il en est ainsi la question se transforme et prend un nouvel aspect. Quel est le facteur qui décide de l'orientation de l'axe des centres de division ? et plus essentiellement encore, quelles sont les substances qui prennent part à la constitution du gel astérien, puisque les matériaux des localisations germinales ne sont pas déplacés par lui ? Il n'est pas aisé de donner une réponse valable à la première ques-

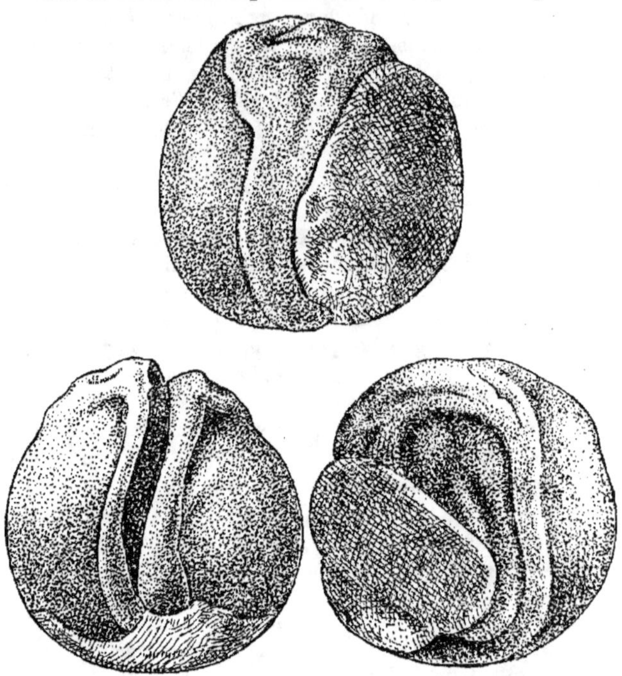

Fig. 20, 21, 22. — Résultats de la destruction d'une des cellules
dans les trois positions représentées dans les figures précédentes
Fig. 20 hémi-embryon gauche (comparer avec fig. 17), fig. 21 em.
bryon dorsal : piqûre du blastomère supérieur de la fig. 18. Fig. 22.
3 /4 d'embryon antérieur et droit : piqûre du blastomère supérieur,
et droit dans la figure 19.

tion. On ne peut invoquer que des facteurs contingents,
externes ou internes, et la variété même de leur

action leur enlève beaucoup d'importance ; on prévoit aisément ceux qui peuvent jouer un rôle : la position du spermatozoïde, le plan suivant lequel se fait l'accollement des demi-noyaux mâle et femelle, la position de l'œuf dans le milieu qui peut l'empêcher de se placer exactement comme le voudrait l'action de la pesanteur. Rien de tout cela n'est réellement démontré, mais tout est possible. Inutile, par conséquent, de nous y attarder ; d'autant plus que la morphogénèse n'est pas influencée, et que c'est elle qui nous intéresse avant tout.

La seconde question paraît plus importante, parce que, en tentant d'y répondre, on est mis sur la trace de certaines particularités intéressantes des matériaux constitutifs du cytoplasme de l'œuf. La dicentrie, qui est le terme ultime de l'activation, se caractérise à l'examen microscopique par l'apparition de deux asters, c'est-à-dire de deux irradiations centrées sur un petit corpuscule (centrosome). On s'accorde aujourd'hui très généralement à admettre, en se fondant sur des données physico-chimiques assez bien établies, et notamment sur la viscosité plus grande du cytoplasme irradié, que l'image d'un aster est due à un changement de phase de certains des complexes colloïdaux de la cellule et que les traînées qui constituent les rayons et qui en sont la traduction visible, ont la valeur de courants liquides à direction centripète. Ce gel colloïdal est réversible, car tout s'efface dès que la division cellulaire est effectuée, et cyclique car il se reproduit dans toutes les divisions ultérieures. Puisque ces mouvements ne produisent aucun déplacement des localisations germinales, puisque les centres d'irriadiation peuvent apparaître et exercer une action identique dans n'importe quelle partie des ébauches qui se partagent le cytoplasme, c'est que les substances vraiment actives, fondamentales, qui les composent, ne sont pas entrainées dans le bouleversement qui prépare la division cellulaire.

On est ainsi conduit à rapprocher cette indépendance, relative d'ailleurs, d'une autre tout aussi caractéristique et que nous avons signalée dans un chapitre précédent, entre la polarité de l'œuf, primaire et immuable, et la stratification d'une série d'éléments figurés du cytoplasme : dans certains œufs, nous l'avons vu, une centrifugation suffisante déplace ces éléments sans changer l'axe des pôles, qui s'affirme ainsi comme un des caractères fondamentaux de l'organisation du germe. Cela nous ramène à l'idée de l'existence, dans le cytoplasme ovulaire, d'une trame plus stable, relativement rigide, dans laquelle peuvent se déplacer, selon les cycles de la vie cellulaire les matériaux qui en occupent les mailles (1).

Il ne faudrait pas en déduire, bien entendu, que ces deux composants sont complètement indépendants l'un de l'autre. La vie de l'œuf est une et le développement résulte de l'harmonie de toutes les fonctions, mais l'existence d'une sorte de hiérarchie entre elles n'a rien d'invraisemblable et est même dans l'ordre naturel des choses.

Il est clair toutefois que la différence de résistance de la trame et de son contenu à la force centrifuge ou aux facteurs qui provoquent l'irradiation astérienne, pourra, selon les œufs et pour un même œuf

(1) Cette idée a été spécialement défendue, dans ces dernières années par F. R. Lillie et E. G. Conklin.

selon la phase de sa vie, affecter des degrés divers, puisqu'elle ne peut être, en dernière analyse, qu'une question de viscosité. On sait que celle-ci varie avec les stades de l'activité cellulaire (Heilbrunn, Chambers) ; elle le fait également, sans doute, avec l'espèce d'œufs que l'on soumet à l'observation. Aussi peut-on très bien concevoir qu'à côté des cas analogues à celui de l'œuf des Amphibiens et particulièrement de la grenouille, il y en ait d'autres dans lesquels le plan de symétrie bilatérale et le plan de première segmentation coïncident toujours, soit parce que la rigidité des matériaux composant les localisations germinales est telle qu'elle enserre les substances astériennes et ne leur permet de s'irradier qu'en leur centre ; soit parce que cette rigidité est assez faible pour que l'irradiation entraîne les matériaux dans son mouvement : dans le premier cas, la coïncidence sera primaire, dans le second elle ne sera que secondaire, mais le résultat final sera le même.

Cette gradation n'est pas une simple vue de l'esprit ; elle repose sur certains faits d'observation, qu'il serait trop compliqué d'énumérer ici, et elle a le grand avantage de réunir, dans une même interprétation générale, des observations que leurs auteurs ont jugées contradictoires.

En terminant ce chapitre, on peut donc dire, comme conclusion d'ensemble, que les premières étapes de la segmentation ne changent ni la nature ni la disposition des localisations germinales, qui se répartissent dans les cellules autonomes résultant du découpage de l'œuf. Le sens dans lequel ce découpage se fait ne suit que des voies de préférence et non obligatoires.

En un mot l'œuf s'est cellularisé mais il a conservé la même constitution, et la segmentation, en fin de compte, est une simple division du travail qui reste à accomplir.

Un seul changement se produit parfois : il y a des œufs, et nous avons insisté sur ces cas, où la localisation des ébauches n'est pas encore complètement stabilisée avec l'achèvement de la fécondation ; chez eux, elle se poursuit et se termine au fur et à mesure que la segmentation progresse, mais tôt ou tard, le résultat final est atteint. L'œuf de grenouille a son croissant gris dès qu'il est activé ; dans d'autres formes, même très voisines de lui, la constitution interne qu'il extériorise dès ce moment, pourra n'être complètement réalisée que dans le *blastula*, nom que l'on donne à l'œuf quand il est arrivé au terme de sa segmentation.

CHAPITRE VII

LA MORPHOGÉNÈSE

La promorphogénèse, dont nous avons suivi les étapes va, sans hiatus, se continuer dans la morphogénèse proprement dite ; les ébauches purement matérielles et non structurées de l'œuf fécondé ou segmenté, déploieront les propriétés dont elles contiennent les ressorts et en même temps que la larve grandira par absorption d'eau et de matériaux nutritifs, les formes extérieures, les organes, les régions se différencieront progressivement et l'être nouveau prendra corps.

C'est à ce moment que la vie commence à se manifester dans toute sa puissance créatrice. La période morphogénétique est celle où l'organisme se construit pour ainsi dire de toutes pièces, par le déclenchement des actions et des réactions dont il est le siège, par l'épanouissement de toutes les énergies qu'il contient, par la mise en œuvre, en vue d'une même fin, des matériaux qui lui viennent de l'œuf et de ceux qu'il s'assimile constamment par sa nutrition. La vie d'un être adulte est simple en comparaison de celle de l'embryon en action ; elle ne tend qu'à assurer le jeu normal des fonctions, à réparer ce qui peut le troubler, à reculer le terme fatal de la mort ; elle est essentiellement conservatrice.

La vie du germe assure aussi les fonctions nécessaires à son maintien : il se nourrit, il respire, etc... Mais tout cela ne fait que permettre l'accomplissement de sa tâche propre qui, loin d'être conservatrice, est constructive sous d'infinies modalités d'aspects et de complexité.

L'image en devient saisissante, quand on pense que le système nerveux central des animaux supérieurs et de l'homme, procède tout entier du développement, favorisé par le milieu, d'ébauches primaires et informes localisées dans le cytoplasme de l'œuf activé. Ces ébauches sont, en effet, le germe nécessaire sans lequel rien ne se formerait du cerveau, pourtant si extraordinairement conformé, ni de sa structure intime, pourtant si infiniment délicate qu'un siècle de labeur n'a pas encore permis de la connaître entièrement. Et ce qui est vrai de l'organe lui-même l'est aussi de la fonction qu'il exerce, car il n'a d'autre raison d'être que son accomplissement. Si effroyablement complexes que soient les fonctions mentales ou simplement nerveuses, elles aussi ont leur origine primaire dans les localisations germinales de l'œuf et les caractères particuliers qu'elles auront chez chaque individu, seront l'épanouissement de caractères du même ordre que possédait l'ébauche ovulaire et qui résultaient peut-être simplement d'une ordonnance particulière de quelques molécules. Il en est ainsi pour tous les systèmes d'organes, comme pour l'acquisition de toutes les formes extérieures.

Croissance, prise de formes, différenciations histologiques, sont donc les trois grands processus qui accompagnent la morphogénèse et chacun d'eux soulève une infinité de problèmes particuliers. Nous ne pourrons évidemment les examiner tous, d'autant plus qu'ils n'ont pas le même degré d'importance. Nous laisserons systématiquement de côté tout ce qui n'a que la valeur d'un achèvement, tous les détails de structure, tous les mécanismes du modelage définitif des organes. Il est indifférent, au point de vue où nous nous plaçons ici, que tel organe, issu de la croissance dans un espace limité d'une lame ou d'une plaque cellulaire, par exemple, se constitue par des plissements mécaniques ou des bourgeonnements localisés de cette plaque ; que tel autre soit dû à une invagination, à une évagination ou à une délamination. L'intérêt de pareille étude serait médiocre, et l'abondance des détails qu'elle comporterait supposerait une connaissance très complète de l'embryologie descriptive.

Ce qui importe, c'est la mise en lumière des lois générales suivant lesquelles les ébauches primaires de l'œuf déploient les ressources d'énergie et les potentialités qu'elles contiennent ; de ces lois aussi qui régissent l'enchaînement des complications progressives de l'organisation. On objectera peut-être qu'on est loin de les connaître toutes. Il est vrai ; mais ce qu'on en sait forme un ensemble cohérent et assez important pour qu'il puisse être l'objet d'un exposé clair et démonstratif. On objectera encore que ce qu'on a découvert jusqu'ici, quel que soit son intérêt propre, n'a été observé que dans un nombre d'espèces animales très limité et qu'il serait audacieux de lui attribuer une portée générale. C'est encore vrai, mais sous certaines réserves qui en atténuent beaucoup l'importance. Si la morphogénèse répond véritablement à des lois, celles-ci doivent être les mêmes partout et les variations qu'elles peuvent présenter ne sont que des modalités particulières de leur application, déterminées par les caractères spécifiques de chaque groupement animal.

Il en est, en somme, de la morphogénèse expérimentale comme de la physiologie, dont les résultats les plus substantiels reposent sur des expériences portant sur quelques animaux de laboratoire, la grenouille, le chien, le lapin, le cobaye. Des coups de sonde, donnés dans d'autres espèces, ont révélé des particularités souvent intéressantes et instructives ; elles ont complété, précisé les données acquises, mais il est fort rare qu'elles en aient brisé le cadre. Au surplus, si dans le domaine de la morphogénèse l'avenir devait modifier les idées actuellement admises, celles-ci n'en représentent pas moins la science du moment ; elles sont le fil conducteur qui guide les chercheurs dans le dédale des faits, et l'histoire de la science dans ces dernières années montre à suffisance qu'elles ont été et sont encore extrêmement fécondes. Ce sont là des titres assez légitimes pour que, dans ce livre, elles occupent une place en vue.

Un dernier mot d'entrée en matière. Nous avons vu dans les chapitres précédents, que de nombreux travaux avaient visé à pénétrer dans l'intimité des mécanismes physico-chimiques de la maturation et de l'activation de l'œuf et nous avons reconnu que ces travaux, en dépit de leur caractère fragmentaire, en avaient assez précisé les données pour qu'on pût fonder de grandes espérances sur l'avenir. En un mot la maturation et l'activation apparaissent comme des périodes de la vie de l'œuf suffisamment fouillées pour que leur analyse physico-chimique puisse être entreprise avec succès.

Il n'en est pas ainsi pour la morphogénèse. Sans doute on peut invoquer, pour assurer le déroulement de toutes ses manifestations, l'intervention d'hormones, de diastases, d'autres moyens encore, tirés de l'arsenal de la physiologie générale. Mais dans l'état actuel des choses, c'est là plutôt un postulat qu'une vérité démontrée. En réalité, dans l'étude de la morphogénèse et de ses facteurs, on en est encore dans la période de la vivisection, ou plus exactement de la microvivisection, et selon toute probabilité on y restera longtemps encore, car elle est loin d'avoir dit son dernier mot. Plus tard, quand la récolte des faits et des idées sera plus riche, on pourra songer à aller de l'avant.

La hiérarchie dans la valeur des ébauches. Notion des différenciations spontanées et des différenciations provoquées. — Dans les recherches auxquelles se sont livrés, dans ces dernières années, les expérimentateurs de la morphogénèse, l'œuf et la larve des Amphibiens urodèles et anoures ont joué un rôle prépondérant. Leur abondance dans tous les pays fournit du matériel en quantité presque illimitée ; relativement volumineux (1 millimètre à 1 mm. 1/2 de diamètre) et très maniables, ils résistent fort bien aux interventions expérimentales et sont peu sensibles aux dangers d'infection par des microbes quelconques ; les embryons peuvent être élevés dans le laboratoire sans grande difficulté, jusqu'à des stades avancés ; enfin, toutes les étapes de leur développement normal ont fait l'objet d'études descriptives très complètes, qui facilitent grandement les essais de vivisection.

Sans doute ils ont aussi des inconvénients et on ne peut espérer que les Amphibiens, à eux seuls, livreront tous les secrets de la morphogénèse ; mais ils n'en sont pas moins, selon l'expression habituelle des laboratoires, un excellent matériel d'études.

A ces avantages s'en ajoute un autre, peut-être plus important encore. Les urodèles et les anoures, si proches parents et dont le développement embryonnaire suit des voies si analogues, se complètent remarquablement par la façon dont ils réagissent aux interventions expérimentales. Les propriétés des ébauches ou des localisations germinales diffèrent par des caractères qui, à première vue, paraissent contradictoires, mais ne sont, en réalité, que des variantes dans l'application de lois identiques, qui dégagent ainsi leur pleine signification.

Pour tous ces motifs, les Amphibiens seront à la base de notre exposé et ce n'est qu'occasionnellement que nous recourrons à d'autres types.

Rappelons d'abord, en quelques mots, la composition morphogénétique de l'œuf fécondé ou de l'œuf segmenté (blastula) et prenons comme exemple l'œuf de grenouille, qui extériorise clairement les localisations germinales qu'il contient par certains détails de son aspect (Fig. 14, 15). Dans une de ses moitiés, que nous avons déjà antérieurement caractérisée comme « dorsale », on voit à la limite entre le pigment brunnoir de l'hémisphère supérieur et le deutoplasme blanc

qui occupe la région du pôle inférieur, une bande en
forme de croissant, dont la partie la plus large occupe
la région équatoriale et la dépasse un peu vers le haut,
dont les cornes latérales s'effilent en descendant vers
le pôle inférieur, en s'estompant peu à peu, pour dis-
paraître avant de l'avoir atteint. On se rappelle qu'au
point diamétralement opposé au centre de ce croissant
gris, se trouve, dans le cytoplasme de l'œuf, une
traînée qui est comme le sillage laissé par le spermatozoïde fécondant. Un plan vertical, de pôle à pôle,
coupant le croissant gris en son milieu, divise l'œuf
en deux moitiés, droite et gauche. C'est le plan de symétrie bilatérale que nous connaissons déjà (Fig. 16).

Sur l'œuf qui a achevé sa segmentation et qui
atteint le stade blastula, les dispositions extérieures
sont encore exactement les mêmes ; mais les maté-
tériaux sont cellularisés, c'est-à-dire se sont répartis
dans un très grand nombre de cellules. Le croissant
gris de l'œuf ou de la blastula, trahit l'existence des
localisations germinales sous la forme d'une répartition particulière et spécifique des composants du cytoplasme ; dans la blastula ceux-ci, sans que rien ait
changé dans leur nature ou dans leur position, sont
disséminés dans les milliers de cellules qui la composent.

A partir de ce moment, le développement de l'embryon commence ; les cellules, tout en continuant à
se diviser, se nourrissent en assimilant peu à peu les
enclaves deutoplasmiques, puis entrent en mouvement,
par groupes, et les complications apparaissent.

Pendant la segmentation, le travail de division
cellulaire s'accomplit partout identiquement ; il est
uniforme dans tous les méridiens de l'œuf et les diffé-

rences, quand elles existent, sont peu importantes. Dès que débute la morphogénèse, cette uniformité cesse ; l'hétérogénéité fondamentale de l'œuf sur laquelle nous avons tant insisté et qui était jusqu'alors purement matérielle et pour ainsi dire statique, se traduit par un déploiement d'énergie variable selon les régions, à la fois qualitativement et quantitativement. Des groupes de cellules prolifèrent plus acti-

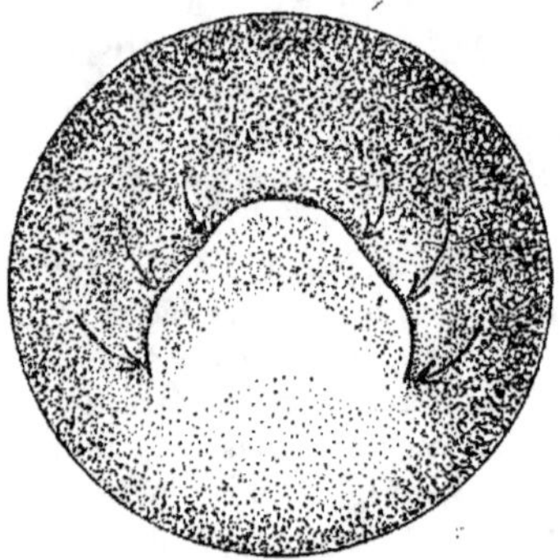

Fig. 23. — Blastula de grenouille déjà modifiée, avec son croissant gris. Les flèches indiquent le sens des déplacements cellulaires. La ligne en arc de cercle marque le point d'invagination de la partie interne du croissant gris.

vement que d'autres ; il en est aussi dont l'activité se manifeste surtout par des déplacements. Le germe entre en action ; sa vie constructive commence et chaque territoire des localisations germinales joue son rôle dans l'ensemble.

Or toute cette vie constructive est rigoureusement ordonnée et les actions particulières de chaque ébauche se fondent en une synergie étonnamment harmonieuse.

C'est cette harmonie qui est le grand problème de la morphogénèse ; c'est elle qu'il faut analyser avant tout en remontant, sinon à ses causes, du moins à l'enchaînement des facteurs qui la régissent.

Si, à ce point de vue, on examine de près la blastula de grenouille, soit par la simple observation continue, soit en s'aidant d'artifices expérimentaux variés, on constate que ce qui entre en action en premier lieu

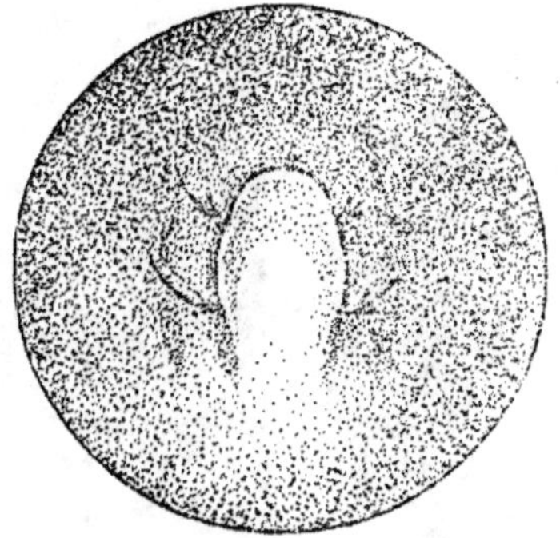

Fig. 24. — Stade plus avancé que fig. 23.
L'invagination des parties internes du croissant gris s'est produite.

et le plus intensément, c'est la zone du croissant gris et les parties immédiatement avoisinantes, notamment le long de sa convexité ; mais dans cette étendue même l'activité est nuancée et se manifeste à des degrés divers ; c'est dans la partie moyenne qu'elle est le plus accusée, ou du moins qu'elle l'est le plus précocement ; et elle gagne de proche en proche les zones latérales.

Voici en un résumé bref l'essentiel de ces processus

(comparer les figures 14, 23, 24, 25 et 26). A droite et à gauche et progressivement dans tout le domaine du croissant gris (1) les cellules des couches superficielles se déplacent par un mouvement qui se propage rapidement vers l'arrière et qui tend à les concentrer vers le plan médian de symétrie bilatérale, suivant une ligne qui va du point central du bord supérieur du croissant gris, au pôle inférieur. Mais si, par ce

Fig. 25. — Stade ultérieur encore, l'écusson médullaire s'est formé.

mouvement de concentration, les cornes latérales du croissant se rapprochent du plan médian, toutes les cellules qui les constituent ne restent pas superficielles. Les plus internes s'invaginent, s'enfoncent dans la profondeur et forment là une couche épaisse que recouvrent bientôt les éléments d'abord situés en

(1) Au sens large, bien entendu, car outre que ses limites exactes sont imprécises, il est certain que les cellules qui l'entourent immédiatement prennent part au mouvement.

dehors d'elles ; autrement dit, dans la région active, on peut distinguer deux parties, du côté droit comme du côté gauche : l'une interne occupant essentiellement la portion concave du croissant gris et dont les éléments, pressés par ceux qui les entourent, s'enfoncent et disparaissent dans l'intérieur du germe ; l'autre externe, dont la partie convexe du croissant gris forme la masse principale, qui suit la première, la

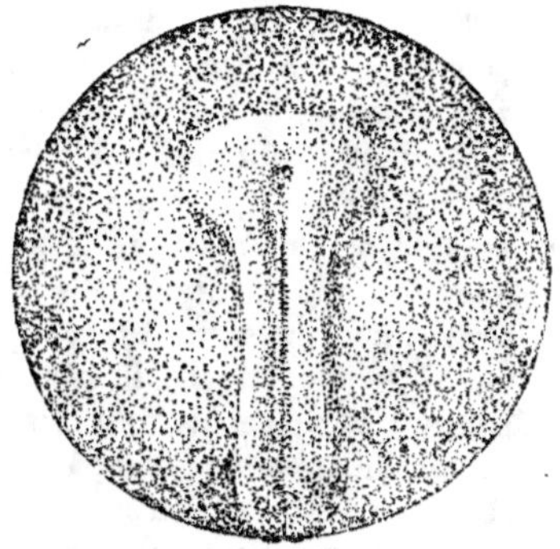

Fig. 26. — Les linéaments du dos de l'embryon sont constitués. Vers le haut, le cerveau ; plus bas la moelle épinière de la nuque et du dos.

repousse et quand elle s'est invaginée, se continue avec elle suivant un rebord saillant en forme d'arc de cercle à concavité tournée vers le pôle inférieur (Fig. 23). Puis, le mouvement de concentration se poursuivant, les moitiés droite et gauche de ce bord arrivent à se toucher dans le plan de symétrie et se soudent complètement (Fig. 24 et 25).

Le résultat final est donc la formation, dans la

moitié dorsale de l'œuf, depuis un point situé un peu
au-dessus de l'équateur, jusqu'au pôle inférieur, de
deux plaques cellulaires superposées ; l'une profonde
résultant de l'invagination, l'autre superficielle formée
par le versant externe du bord d'invagination et, en
dernière analyse, par les cellules constituantes de la
convexité du croissant gris.

La plaque double a, dans son ensemble, la forme
d'un écusson dont la partie la plus large est un peu
au-dessus de l'équateur et que coupe en deux moitiés,
droite et gauche, le méridien de symétrie bilatérale.
On lui donne le nom d' « écusson embryonnaire »
parce que c'est dans ses limites que vont se dessiner
les contours des grands organes axiaux de l'embryon,
ceux qui donnent à l'organisation de tous les Vertébrés ses caractères fondamentaux (Fig. 25).

L'activité continue, en effet, et bien que les mouvements cellulaires se poursuivent, ils cèdent néanmoins
le pas à deux autres processus tout aussi importants
pour la morphogénèse : en premier lieu la prolifération des cellules et ensuite lesur assemblage, par des
tactismes divers, en groupements déterminés, prélude
de la constitution des formes définitives et de l'apparition des structures fonctionnelles.

Dans la plaque externe, superficielle, et tout le
long de son pourtour, les cellules se divisent et
s'amassent en un bourrelet saillant, dont l'épaisseur
a son maximum le long de son bord supérieur et va
en s'atténuant peu à peu vers le pôle inférieur, où
tout s'arrête. Les moitiés droite et gauche de ce bourrelet, tout en continuant de grandir, se rapprochent
du plan médian de symétrie et s'y confondent
(Fig. 26). Simultanément, les cellules qui les composent

s'allongent en de courts prismes juxtaposés le long de leurs faces (1) et s'orientent de façon à délimiter un tube, dont la cavité parcourt l'ébauche embryonnaire d'un bout à l'autre de son axe de symétrie. Ainsi se trouve édifié le rudiment, très aisément reconnaissable, du système nerveux central. Sa partie supérieure, la plus large, la plus épaisse, occupant l'ancien équateur de l'œuf et les parties voisines, est l'amorce du cerveau ; le reste est le début de la moelle allongée et de la moelle épinière.

Dans la plaque profonde, interne, se passent des transformations concomitantes, mais dont l'aboutissement est tout différent. Dans son milieu, le long de l'axe de symétrie bilatérale, un cordon de cellules, tout en proliférant un peu, s'isole en une tigelle sous-jacente au tube nerveux et qui est la « chorde dorsale », l'axe de soutien primordial du corps, dont la présence est un des caractères spécifiques les plus importants de tous les Vertébrés sans exception. De part et d'autre de la chorde, un autre groupe de cellules, tout en se divisant activement, s'isolent et s'orientent pour constituer des masses cubiques placées régulièrement les unes derrières les autres et dénommées « myotomes » ; ils sont les sources de tous les muscles soumis à l'influence de la volonté et de la conscience, par l'intermédiaire du système nerveux (Fig. 27).

Plus tard, tous ces rudiments vont se compliquer davantage, se modeler, se structurer en vue des fonctions à remplir. Il nous suffit pour le moment

(1) Formant ainsi ce qu'en histologie on appelle un épithelium cylindrique stratifié.

d'avoir vu naître les premiers linéaments de l'organisme futur ; ils offrent à l'analyse causale un champ d'exploration assez vaste et assez varié pour solliciter longtemps encore la sagacité des chercheurs. De plus ces linéaments sont ceux des formes les plus caracté-

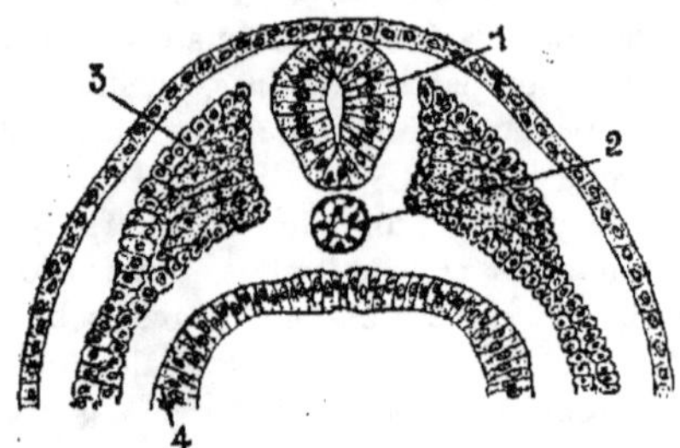

Fig. 27. — Partie dorsale d'une coupe transversale du tronc dans l'embryon fig. 26. 1 Système nerveux ; 2 Chorde dorsale, 3 Ebauche des muscles volontaires ; 4 Tube digestif.

ristiques non seulement des Amphibiens, mais de tous les Vertébrés. Ils deviendront l'axe organique de l'être futur, ils formeront tout son dos. La partie ventrale est certes importante aussi, mais elle est moins essentielle, en ce sens que les problèmes morphogénétiques qu'elle pose sont plus spéciaux.

De la description qui vient d'être faite, il résulte que c'est avec raison que nous avons distingué dans l'œuf fécondé ou activé d'Amphibien deux moitiés, droite et gauche, séparées par le méridien de symétrie bilatérale ; puis une moitié dorsale et une moitié ventrale, délimitées par un méridien perpendiculaire au premier. Mais la description seule risque d'être

artificielle et par conséquent erronée, si elle n'est
confirmée par l'expérience ; on sait déjà que celle-ci
a donné des résultats très concluants, surtout chez la
grenouille ; nous les rappelerons brièvement et leur
signification apparaîtra sans ambiguïté.

Si on choisit un œuf de grenouille divisé en deux par
un plan coïncidant exactement avec le plan de symétrie bilatérale, les deux blastomères donnent respectivement naissance, par leurs potentialités intrinsèques,
aux moitiés droite et gauche du corps ; c'est ce que
prouve expérimentalement la destruction du blastomère droit par exemple : l'autre se développe suffisamment pour édifier la moitié gauche des organes
axiaux : demi système nerveux gauche, moitié gauche
de la chorde dorsale, la série gauche des myotomes ;
il est exactement un demi-embryon gauche (Fig. 20).
Si au contraire on détruit le blastomère gauche, c'est
un hémi-embryon droit qui se constitue.

D'autre part, il arrive par une anomalie assez fréquente, que le premier plan de segmentation soit perpendiculaire au méridien de symétrie bilatérale ; dans
ces conditions, ainsi que nous l'avons dit au chapitre VI, des deux blastomères formés, l'un est dorsal,
et l'autre ventral ; effectivement si on tue ce dernier,
l'autre se développe et donne un embryon dorsal
possédant donc, presque intégralement, un système
nerveux complet, une chorde dorsale normale, et
les deux rangées régulières, droite et gauche, de
myotomes (Fig. 21).

Ces faits connus depuis longtemps et qui n'ont rien
perdu de leur valeur démonstrative ne sont pas seulement vrais pour l'œuf de grenouille, mais aussi, d'une
façon générale, pour ceux des urodèles (tritons,

axolotl) ; seulement, chez ces derniers, il se produit certaines complications, fort intéressantes, qui seront examinées dans un prochain chapitre.

Les expériences qui viennent d'être rappelées prouvent, tout au moins dans le cas choisi comme type, que si chaque blastomère ne déploie que les potentialités qu'il tient des localisations germinales contenues en lui, il peut le faire intégralement, sans aucun secours venu d'ailleurs. Quand l'œuf n'est encore divisé qu'en deux, suivant le plan de symétrie ou perpendiculairement à lui, chacune des moitiés, en effet, est pourvue d'ébauches variées ; elles ont tout ce qu'il faut pour former ou bien les côtés gauche et droit du corps, ou bien un dos et un ventre complets, avec tous leurs organes. Les ébauches peuvent donc s'y déployer avec l'ordre et l'harmonie indispensables. Si l'expérimentateur veut pousser plus loin l'analyse des faits, il doit nécessairement s'efforcer de troubler cet ordre et cette harmonie. Pour cela, il doit opérer sur d'autres stades ou d'autres façons : détruire ou inhiber un groupe plus limité d'ébauches, et si c'est possible, une seule ébauche.

En somme, le dilemne qu'il faut soumettre au critère de l'expérience est le suivant : la marche régulière de la morphogénèse d'un organisme est-elle due à l'existence d'une cause ou, plus modestement, d'un facteur, à l'action duquel toutes les ébauches, grandes et petites sont soumises uniformément, qui existe dans toutes et qui suffit, par sa présence même, à provoquer le développement autonome de chacune d'elles ? Ou bien au contraire ce facteur a-t-il une ou des localisations particulières dans une ou dans des ébauches privilégiées, dont l'entrée en développement provoquerait par une sorte de transmission de puissance, l'évolution d'ébauches voisines d'un rang inférieur et qui, livrées à leurs seules forces, resteraient inertes ?

Posé dans ces termes, l'un des problèmes fondamentaux de la morphogénèse apparaît en pleine clarté et sa solution, dans un sens ou dans l'autre, sera d'une importance capitale, quelle que soit la nature intrinsèque du « facteur » initial.

Malgré que l'état de nos connaissances soit encore rudimentaire, ce problème peut être considéré comme résolu, dans ses grandes lignes tout au moins. L'existence d'une véritable hiérarchie dans les potentialités des ébauches, par conséquent dans la valeur des localisations germinales, est démontrée d'une façon concluante, grâce surtout aux travaux dont l'œuf des Amphibiens urodèles et anoures a été l'objet dans ces dernières années.

Cette hiérarchie permet, pour la commodité de l'exposé, de classer, selon leur origine, les ébauches morphogénétiques en deux catégories : celles dont le développement est *spontané* et celles où il est *provoqué*. Le développement spontané est celui dont la cause immédiate est dans l'ébauche elle-même ; le développement provoqué dépend d'une influence extérieure à lui-même, exercée sur lui par l'entrée en activité d'une ou de plusieurs ébauches voisines.

Cette notion est très féconde, car elle permet d'entrevoir toute une série de possibilités susceptibles d'être vérifiées par l'observation et l'expérience. Nous en envisagerons quelques unes avant d'aborder l'exposé des faits concrets.

Dans l'ensemble de la morphogénèse d'un organisme, il peut se faire qu'une seule des localisations germinales de l'œuf soit capable de différenciation spontanée, mais il est possible aussi qu'il y en ait plusieurs. Parmi celles-ci il en est qui peuvent être dissimulées, nous voulons dire par là que dans un développement normal, le moment de leur entrée en action est déterminé par leurs connexions de voisinage, et, en un certain sens, provoqué par elles ; mais libérées expérimentalement de ces connexions, leur autonomie pourra s'affirmer et révéler la catégorie dans laquelle elles doivent être réellement rangées. On conçoit qu'il soit souvent très difficile de faire cette discrimination.

Le développement provoqué proprement dit peut lui aussi se présenter sous des aspects divers. Une ébauche mise en marche par une autre, peut provoquer elle-même le développement d'une autre encore, celle-ci agir de même sur une voisine et ainsi de suite.

On se rendra compte par ces quelques exemples, de ce qu'est la morphogénèse d'un organisme quelque peu compliqué. Il est le résultat du déploiement spontané des potentialités de quelques centres organisateurs, réagissant entre eux et sur ce qui les entoure, créant par eux-mêmes les organes dont ils renferment le substratum et obligeant d'autres centres, secondaires et jusqu'alors inertes, à compléter leur œuvre en accomplissant, eux aussi, tout ce dont ils sont capables. La vie se manifeste ainsi dans toute sa splendeur, dans toute sa puissance créatrice des formes, des organes et des fonctions. Ce jeu d'incessantes actions et réactions s'amplifie au fur et à mesure que le développement progresse, que le germe grandit, que son organisation se complique ; il ne cessera que quand l'être ayant atteint sa taille définitive, entrera dans la période d'état adulte, où la vie ne fera plus que maintenir ce qu'elle a si laborieusement construit.

Tout le programme actuel de l'embryologie expérimentale consiste à retrouver dans l'enchevêtrement des phénomènes, un fil conducteur qui permette de les classer selon leur ordre d'importance et selon la chronologie de leur apparition. Nous allons examiner jusqu'à quel point elle y est parvenue.

Nous mettrons cette fois encore à la base de notre exposé, l'œuf de grenouille. Cela ne veut pas dire que dans l'ordre chronologique des découvertes il ait toujours occupé le premier rang, ni qu'il offre le maximum de possibilités d'investigation (1) ; mais c'est à lui que nous nous sommes le plus souvent reporté jusqu'ici, et le lecteur retrouvera là un objet déjà familier ; en outre, les faits qu'on y a observés s'insèrent remarquablement bien dans l'ordre d'idées qui a été développé jusqu'à présent ; enfin l'esquisse de la morphogénèse, tracée plus haut, bien que valable pour tous les Amphibiens, résume fidèlement le développement de l'œuf de grenouille.

C'est le croissant gris, avons-nous vu, et aussi les parties avoisinant immédiatement son pourtour convexe qui, à partir de la blastula, sont le siège de tous les processus aboutissant à la formation des organes dorsaux de l'embryon : système nerveux central, chorde dorsale, myotomes et paroi du tube digestif

---

(1) Les œufs de beaucoup d'autres espèces ont joué dans le développement de nos connaissances et de nos idées un rôle très important. Citons spécialement les tritons auxquels Spemann et ses élèves ont consacré de remarquables travaux dont il sera longuement question dans le prochain chapitre.

futur. C'est donc dans cette région que l'intervention expérimentale a le plus de chances de se montrer fructueuse. Sur l'œuf en segmentation ou sur la blastula, le procédé le plus commode et le plus sûr, pour de pures raisons de technique, est la destruction avec une fine aiguille légèrement chauffée, de groupes de cellules aussi soigneusement localisés et repérés que possible. Evidemment, ces piqûres doivent pénétrer jusqu'à une certaine profondeur et ne pas léser seulement la couche cellulaire superficielle : cela ne donnerait que des résultats incomplets et d'une interprétation difficile.

Quant au siège de l'opération, il peut varier ; pas toujours selon le gré de l'expérimentateur, car des difficultés techniques très grandes, sinon insurmontables, imposent au choix certaines limites. On peut introduire l'aiguille dans la partie moyenne du croissant gris, soit en son milieu, soit légèrement à droite ou à gauche du plan médian, soit encore le long de son bord convexe ou de son bord concave (comparer, fig. 14). On peut aussi opérer en dehors de cette zone moyenne, à la naissance des cornes latérales soit à droite, soit à gauche, soit encore des deux côtés, mais alors les lésions sont très graves et dépassent parfois la capacité de résistance du germe à l'intervention expérimentale.

Les blastulas ainsi lésées, quand la blessure n'a pas été trop brutale, peuvent vivre et se développer pendant plusieurs jours et donner des embryons anormaux, dont les anomalies sont spécifiques.

Voici, résumés aussi simplement que possible, les résultats essentiels que donnent ce genre d'expériences. La partie moyenne, la plus large, de la région du crois-

sant gris blastuléen, se comporte comme un centre
d'organisation primaire, autonome, dont l'entrée en
activité commande le développement de tout le
reste. Il contient en lui, de par sa constitution propre,
les matériaux formateurs destinés à édifier tous les
organes de la tête (1), sauf la région tout antérieure
occupée par l'œil et l'organe olfactif avec la partie du
cerveau correspondante. Il semble bien que son pouvoir de différenciation spontanée s'arrête là.

Mais la complexité des organes de la tête autorise
à croire que ce centre organisateur primaire est lui-
même composite et formé de l'assemblage de plusieurs
centres plus petits, qui entrent simultanément en activité. Sans doute, la preuve expérimentale n'en est pas
faite, mais on possède cependant quelques indications
précieuses : la destruction totale d'une partie seulement du centre a pour conséquence la formation d'une
tête partielle et non d'une tête normale réduite. On
sait en outre que la lésion de la partie concave du
croissant, tournée vers le pôle inférieur de la blastula,
empêche toute formation de la chorde dorsale, ce qui
prouve que c'est de là qu'elle tire son origine. La partie
centrale du croissant possède donc elle-même des
localisations et si, dans l'état actuel de nos connaissances, toutes paraissent déployer en même temps
leurs potentialités par un développement spontané,
la possibilité ne peut être exclue qu'il existe entre
elles une hiérarchie et que toutes ne sont pas également capables d'évoluer sans influence extérieure.

---

(1) La tête doit s'entendre ici au sens morphologique du mot,
c'est-à-dire tout ce qui est du domaine de l'encéphale avec les
nerfs craniens jusqu'au delà du vague.

L'avenir apprendra s'il en est bien ainsi. Que la partie moyenne du croissant gris soit un centre uniforme ou un complexe, il n'en a pas moins, dans son ensemble, une véritable autonomie ; il est *l'initium* du développement de ce qui l'entoure et le nœud de la morphogénèse toute entière.

Son action se propage en effet dans le voisinage, de proche en proche, et provoque l'entrée en activité des matériaux sur lesquels elle s'exerce. C'est ainsi que vers le haut, au-dessus de son rebord convexe, se construit le cerveau antérieur avec les organes visuels et olfactifs : leur formation est entravée en effet par la destruction de la partie du centre primaire d'où vient l'impulsion nécessaire. Sur les côtés et vers le bas, la substance des cornes latérales du croissant gris, d'où procèdent normalement les organes dorsaux de la nuque et du tronc, reste indifférenciée si le centre primaire a été complètement détruit ; elle n'est donc capable que d'un développement provoqué qui envahit, de proche en proche, des parties de plus en plus éloignées, jusqu'au pôle inférieur. Ainsi s'édifient, progressivement et par moitié de chaque côté du corps, la moelle épinière, la chorde dorsale du tronc, les séries de myotomes. Chacun de ces organes a son ébauche propre et localisée, mais il est certain qu'aucune n'est capable d'activité spontanée ; elles se placent donc hiérarchiquement en sous ordre, par rapport au centre organisateur qui occupe la portion moyenne du croissant.

Voilà donc établie sur des faits positifs, cette hiérarchie des ébauches dont nous avons, plus haut, souligné l'importance fondamentale. Un coin du voile qui recouvre le mystère de l'harmonie et de l'ordonnance des processus morphogénétiques est soulevé et on voit sur quoi devra porter, dans l'avenir, l'effort d'analyse.

Evidemment, nous n'avons envisagé qu'une partie seulement du développement de l'embryon : tout n'est pas fini lorsque les rudiments des organes dorsaux sont constitués et mis en place ; mais ceux-ci sont le fondement même de toute l'organisation de l'être futur ; s'ils se forment suivant des lois définies, il est pour le moins vraisemblable qu'ils s'achèveront suivant des lois analogues, qui présideront aussi à l'édification de tous les autres organes et de toutes les autres régions du corps. D'ailleurs, la science en a déjà reconnu l'application pour là constitution d'organes complexes, comme l'œil avec son cristallin, par exemple, ou encore l'appareil branchial et, sous des modalités fort intéressantes, les bourgeons des membres pairs. Nous ne pouvons entrer dans le détail de tous ces faits concordants et ce que nous avons dit suffit, par sa netteté et sa puissance démonstrative, pour le but qui est ici le nôtre.

Reprenons donc, pour en poursuivre l'examen, les centres d'organisation primaires et secondaires, tels qu'ils se présentent dans le germe de la grenouille. Il n'a été question jusqu'ici que de la destruction *totale* de la partie moyenne du croissant gris ou d'une de ses moitiés ; la conséquence en a été l'absence totale des organes qu'elle forme spontanément et aussi de ceux dont elle provoque la différenciation par propagation. Il reste à envisager les cas de destruction incomplète de ce même centre. Ils sont, comme on va le voir, d'un très grand intérêt et on pourra, grâce à eux, découvrir aux localisations germinales de nouvelles propriétés, assez inattendues.

Si, par exemple, on pique la moitié *droite* du centre d'organisation autonome (portion moyenne du croissant gris) et si la destruction est assez légère pour permettre, après l'expulsion des cellules mortes, une cicatrisation parfaite, la moitié *gauche* de l'embryon se forme tout à fait normalement et complètement, mais la moitié *droite*, complète aussi et bien conformée,

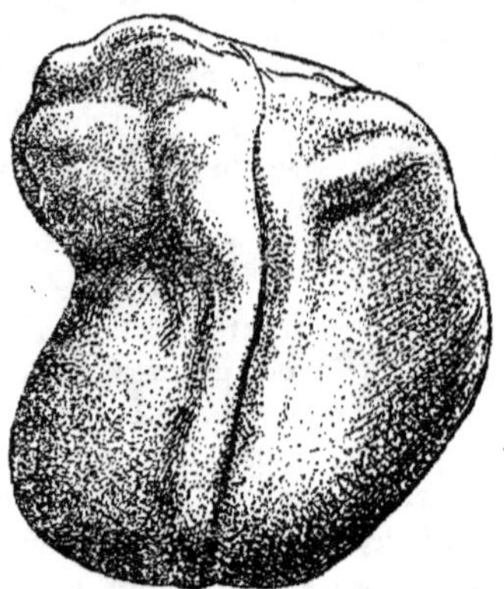

Fig. 28. — Embryon de grenouille formé après destruction partielle de la moitié droite du centre organisateur primaire. La moitié gauche du système nerveux est normale ; l'autre rudimentaire.

est notablement plus petite ; elle est une sorte de miniature de ce qu'elle devrait être, et certains faits bien observés tendent à prouver que sa réduction est proportionnelle à l'importance de la destruction (Fig. 28).

Une conclusion fort importante se dégage de cette expérience : l'enlèvement d'une partie de la substance du centre primaire, réduisant d'autant les matériaux des ébauches qu'il contient, a pour effet de diminuer la taille des organes nés spontanément de ces ébauches diminuées. On pouvait s'y attendre, mais ce qui ne pouvait être prévu, c'est que les ébauches dont ce centre provoque la mise en marche, et qui, elles, n'ont été lésées ni quantitativement, ni qualitativement, se comportent comme si elles l'avaient été et donnent naissance à des organes dont la taille est diminuée aussi et mise en proportion exacte avec ceux issus de la région opérée.

Il y a donc, dans tout développement provoqué, une relation définie d'ordre quantitatif entre le facteur qui provoque le développement d'un territoire voisin et la réponse de ce territoire à l'excitation qui lui est transmise. C'est-à-dire, pour mieux préciser, que les localisations germinales contenues dans les cornes latérales du croissant gris ne donnent leur plein rendement que si l'intégrité de la partie moyenne est parfaite. Cela démontre — et c'est cela qui est vraiment important — que le facteur qui provoque le développement d'un territoire, n'exerce pas une simple action action physique, que son rôle n'est pas limité au déclenchement d'un mécanisme tout monté, n'attendant qu'un déclic pour se mettre en marche. L'idée s'impose à l'esprit de l'intervention d'un agent chimique, d'une substance secrétée en *quantité définie* par le centre autonome, et qui doit diffuser dans *toutes* les cellules du territoire provoqué pour qu'elles entrent en activité morphogénétique.

Un rapprochement s'établit tout naturellement avec le fait noté dans le chapitre II, qu'il suffit de faire pénétrer quelques ions calcium dans l'œuf d'astérie inerte pour qu'il commence sa maturation : sans eux' aucune de ses potentialités ne se manifestera, il mourra sans rien donner. De même pour le germe de grenouille, aux cellules qui siègent dans la région des cornes latérales du croissant gris et qui sont pourtant prédestinées à édifier les organes dorsaux du tronc, il manque quelque chose, une substance inconnue, nécessaire pour que leur véritable destinée s'accomplisse. Le centre autonome primaire est le réservoir unique de cette substance ; si on lui en enlève une partie, il n'en reste pas assez pour que soient imprégnées toutes les cellules qui en ont besoin. Cette substance que l'on pourrait, suivant un usage fort courant, désigner sous le nom de *génétine*, nous ignorons complètement ce qu'elle peut être chimiquement, mais il n'échappera à personne que son existence, à laquelle tout nous porte à croire, jette un trait de lumière sur les origines premières de la morphogénèse. Est-ce une hormone, une harmozone au sens que Gley a attaché à ce mot ? L'avenir en décidera.

Mais ce qui vient d'être dit, n'épuise pas encore nos connaissances sur les propriétés du centre autonome d'organisation. Nous venons de le considérer comme une sorte de réservoir de substance activante. L'expérience a montré que la destruction incomplète du centre la réduit en quantité, mais elle prouve aussi que les parties restantes sont incapables, par une hypertrophie de leur activité, de combler le déficit produit. Leur puissance formative à ce point de vue est donc limitée. Il doit en être de même pour les parties activées par elle, puisque leur croissance est, elle aussi, déficitaire ; les cellules qui en ont absorbé une parcelle et l'ont incorporée dans leur métabolisme, peuvent peut-être par assimilation en augmenter la quantité, mais dans des limites déterminées aussi, puisque le déficit n'est pas comblé.

Ce qui est tout aussi remarquable, c'est que la réduction de taille d'une région du corps dont le développement a été provoqué par une action insuffisante du centre autonome, est *définitive*.

Les embryons nés de blastulas opérées d'un côté et qui n'ont de ce côté que des organes dorsaux en miniature, tandis que de l'autre ils sont normaux, peuvent, si l'opération n'a pas été trop grave, vivre, éclore, devenir des têtards nageant dans l'eau et se nourrissant parfaitement pendant plusieurs jours. On pourrait croire que sous l'influence d'une nutrition abondante, d'une circulation sanguine active et uniforme, la moitié réduite va grandir proportionnellement plus que l'autre et récupérer ce qui lui manque. Il n'en est rien ! La miniature continue à grandir mais conserve ses proportions de miniature aussi longtemps qu'on peut l'observer. Son pouvoir de croissance reste réduit dans la même mesure qu'auparavant, alors que la période proprement embryonnaire est passée depuis longtemps.

Tout cela n'est susceptible, à ce qu'il nous semble, que d'une seule interprétation et elle est d'importance : la substance que, pour la commodité de l'exposé, nous avons appelée génétine, n'existe et ne peut augmenter qu'en quantité limitée et de plus, elle se dégrade au cours du développement ; le terme de sa dégradation est aussi le terme de la croissance de l'organisme, autrement dit, le moment où celui-ci atteint sa taille définitive. On a donc, grâce à cette notion, une idée, encore vague sans doute, mais cependant bien fondée, des raisons pour lesquelles les représentants de toute espèce animale atteignent une taille déterminée, dont la moyenne n'est jamais beaucoup dépassée dans un sens ou dans l'autre ; et comme toutes les sources directes, non seulement de la morphogénèse, mais encore de la croissance des organes ont leur siège dans les centres d'organisation autonomes, comme ceux-ci sont les éléments les plus fondamentaux des localisations germinales, il en résulte que dans une foule d'organismes et notamment chez la grenouille, l'œuf fécondé possède en lui, dans sa substance, les facteurs déterminatifs de la taille qu'atteindra l'organisme adulte auquel il donnera naissance.

On voit que l'étude des mécanismes du développement embryonnaire n'a pas été vaine ; elle a fourni des solutions à certaines des questions qui se posaient et elle a jeté des lueurs sur beaucoup d'autres. Il convient toutefois d'être prudent et de ne considérer les résultats acquis, quelque séduisants qu'ils soient, que comme provisoires. Ce chapitre de la biologie est en pleine évolution, l'avenir obligera sûrement à retoucher certaines des notions qui nous paraissent bien établies, mais il en est toujours ainsi dans la science : son état présent ne fait que préparer des états futurs qui peuvent être très différents et il n'est jamais qu'un chapitre d'histoire.

Dans l'œuf qui nous a servi de type, et dans d'autres analogues, les centres d'organisation autonomes ne peuvent inciter au développement que des territoires secondaires déjà prédestinés, par leur constitution même, à donner naissance à des organes déterminés. Centres d'organisation autonomes et territoires secondaires à différenciation provoquée, forment ensemble les localisations germinales et l'action des premiers sur les seconds ne fait que réaliser ce qui est leur avenir normal ; ils ont, en d'autres termes, des voies d'action, en dehors desquelles ils sont impuissants.

Mais en est-il de même partout ? Les localisations germinales ont-elles des potentialités aussi fixes et immuables que semblent le faire admettre les cas que nous avons choisis jusqu'ici, et même dans ces cas d'autres dispositifs expérimentaux ne pourraient-ils pas atténuer cette prédétermination stricte et stable ? Celle-ci a l'immense avantage de fournir à l'analyse expérimentale de la morphogénèse un terrain solide, mais elle ne représente peut-être qu'un des aspects des potentialités des ébauches primaires de l'œuf ? C'est ce qu'il nous reste à examiner.

CHAPITRE VIII

LA MORPHOGÉNÈSE *(suite)*

**Les phénomènes régulateurs. Notion des poten-
tialités totales et réelles.** — Parmi les découvertes
de la première heure en embryologie expérimentale,
il en est une qui se place au premier plan dans l'histoire de nos connaissances : c'est la constatation du fait
que chez les Echinodermes, chez l'Amphioxus, chez
le triton, les deux premiers blastomères issus de la
segmentation de l'œuf peuvent, si on les isole l'un de
l'autre, donner chacun naissance à une larve complète;
ne différant guère de la normale que par sa taille. Chez
les Echinodermes, les quatre premiers blastomères
jouissent encore de ce pouvoir, qui ne commence à
subir des restrictions importantes qu'à partir du
stade où l'œuf est divisé en huit cellules.

Peu de temps auparavant, Roux chez la grenouille,
Chabry chez les Tuniciers, avaient publié leurs recherches d'où il résultait, tout au contraire, que chacun
des deux premiers blastomères a sa destinée étroitement déterminée et qu'il ne donne et ne peut donner
qu'un hémiembryon. Ces observations contradictoires
ont été le point de départ de longues discussions tant

théoriques que techniques et de travaux expérimentaux fort nombreux (1). Ce fut une période d'activité
intense et même passionnée, pendant laquelle le patrimoine scientifique s'enrichit de précieuses acquisitions. Actuellement elle est à peu près close, en ce
sens qu'un terrain d'entente s'est progressivement
dégagé, assez solide pour qu'on puisse aller de l'avant
et poursuivre la conquête de faits nouveaux.

Mais avant de nous engager dans l'exposé de ces
faits et de leur signification biologique, il sera utile,
pour fixer les idées et dissiper toute équivoque, d'expliquer en quelques mots ce qu'est le terrain d'entente dont il vient d'être parlé.

En reprenant systématiquement l'étude des œufs
d'Echinodermes et des œufs de tritons, on s'est
aperçu que l'équipotentialité des premiers blastomères, c'est-à-dire leur capacité de donner un tout aux
dépens d'une partie de ce tout, n'est pas absolue.
Chez le triton, par exemple, deux blastomères isolés
ne peuvent former des larves jumelles qu'à la condition expresse que le plan de segmentation qui les a
séparés, coïncide avec le plan de symétrie bilatérale
de l'œuf fécondé. Il faut par conséquent que ces blastomères soient respectivement droit et gauche. Si la
coïncidence n'existe pas, il se forme des larves informes
ou bien une larve dorsale et une ventrale. Chez les
Echinodermes, les faits sont essentiellement les mêmes,
mais présentent une clarté moins grande en raison de

(1) Citons parmi ceux qui prirent part à ces discussions et
contribuèrent ainsi à fonder l'embryologie expérimentale,
W. Roux, H. Driesch, Edm. B. Wilson, T. H. Morgan, Herlitzka, O. Hertwig, Spemann, etc...

la conformation de la larve pluteus, d'une analyse plus délicate qu'un embryon de triton.

Quoiqu'il en soit, dans tous les cas où aux dépens d'un œuf on a pu provoquer la formation d'embryons multiples, ceux-ci n'ont pu provenir que de blastomères possédant les localisations germinales nécessaires. Un exemple fera bien saisir la portée de cette affirmation. Dans un œuf de triton divisé en deux cellules selon le plan de symétrie bilatérale, chacune d'elles possède les ébauches nécessaires pour donner naissance à la moitié droite ou à la moitié gauche de l'embryon. Or, ces deux moitiés sont semblables ; elles sont exactement l'image l'une de l'autre ; tous les organes du corps d'un Vertébré sont, ou bien pairs, ou bien formés de deux moitiés confondues sur la ligne médiane en un organe unique : c'est la principe même de la bilatéralité des animaux. Dès lors on peut comprendre comment un blastomère droit ou gauche, isolé de son congénère, peut se comporter pratiquement comme le fait un œuf entier. Il faut et il suffit pour cela qu'un remaniement de ses matériaux puisse se produire, grâce auquel la substance des ébauches se répartira de part et d'autre d'un nouveau plan de symétrie bilatérale. Si ce remaniement parvient à se réaliser, chaque blastomère deviendra semblable à un œuf, et évoluera comme lui.

Dans certains œufs, cela s'accomplit très aisément et très rapidement ; dans d'autres c'est plus tardif, plus difficile, parfois incomplet ; dans d'autres encore, cela ne se produit jamais. Pour expliquer ces différences, on peut invoquer un facteur fort simple : la viscosité ou la rigidité plus ou moins marquée du cytoplasme, qui facilite, retarde ou empêche des déplacements dont l'amplitude doit être considérable.

On peut en donner une preuve, connue depuis bien longtemps. Nous avons antérieurement insisté sur la fixité des localisations germinales dans l'œuf de grenouille et sur la détermination stricte de la destinée des blastomères issus de sa division ; on peut cependant la modifier par un artifice expérimental. Qu'on prenne un œuf divisé en deux par un plan coïncidant avec le plan de symétrie — c'est la condition indispensable — et qu'après l'avoir fixé entre deux lames de verre, on renverse tout le système sens dessus-dessous. Sous l'influence de la pesanteur, un bouleversement va se produire, identique dans les deux blastomères ; les matériaux lourds descendront, les plus légers remonteront, ensuite le développement reprendra son cours, et on observera la formation de deux larves jumelles ! Le renversement des pôles dans chacune des deux cellules, a donc été accompagné de l'établissement d'une symétrie bilatérale nouvelle et d'une répartition correspondante des localisations germinales.

Dans l'ordre d'idées qui vient d'être développé, tous les cas connus jusqu'ici peuvent trouver une explication satisfaisante, et les variations observées selon les espèces dans les potentialités des blastomères n'ont plus rien de troublant.

Il n'en reste pas moins une énigme qu'il serait vain de vouloir dissimuler, d'autant plus qu'elle touche à l'un des caractères essentiels de la matière vivante. On comprend très bien les remaniements de substances sous l'influence d'un changement de forme, de la pesanteur, ou de toute autre cause ; mais on ne s'explique pas qu'ils se fassent toujours suivant un plan de symétrie bilatérale. On en vient à se demander si toutes les cellules quelles qu'elles soient n'ont pas une symétrie bilatérale, immanente comme dirait H. Driesch, masquée ou inhibée par des connexions avec les voisines, mais qui reprendrait un rôle directeur et organisateur dès qu'elles en seraient libérées. Un germe en segmentation ou plus avancé encore dans son développement, forme un tout pourvu d'une symétrie propre ; chaque partie de ce tout, fondue dans l'ensemble, perd par la collaboration qui lui est imposée, certains des attributs inhérents à toute cellule vivante. Mise en liberté, et si les conditions extérieures le lui permettent, elle pourra récupérer ce qui n'était peut-être que dissimulé. Cette explication, quelle qu'en soit la valeur, ne fait évidemment que reculer les données du problème. Nous ne pouvons, jusqu'à plus ample informé, que voir dans la symétrie bilatérale de la matière vivante un fait, inexplicable dans l'état actuel de nos connaissances.

Potentialités totales et potentialités réelles. — Il résulte de ce qui vient d'être dit que, pour la commodité de l'exposé, nous pourrons dorénavant reconnaître, non seulement aux blastomères, mais aux différentes parties du germe, une potentialité réelle, c'est-à-dire qui se réalise effectivement dans un développement normal, et une potentialité totale, plus étendue que la première, tenue en réserve en quelque sorte et qui ne pourra se manifester que dans des conditions déterminées. La potentialité réelle du blastomère droit ou gauche de l'œuf divisé d'un Amphibien est de former les moitiés correspondantes de l'embryon et de l'être adulte. Sa potentialité totale, c'est de pouvoir édifier un être entier quand, séparé de son congénère, il peut subir les remaniements nécessaires. Ce classement va nous être très utile dans la suite.

Les faits et les idées que nous allons exposer maintenant comptent parmi les acquisitions les plus récentes de l'embryologie expérimentale ; ils vont nous faire connaître certaines propriétés du germe et de ses localisations germinales, qui n'existent pas dans l'œuf de grenouille, ou qui y sont si bien dissimulées, qu'elles ont jusqu'ici échappé à l'investigation. L'œuf des tritons les révèle au contraire avec une admirable netteté (1). Il offre d'ailleurs pour une foule d'interventions expérimentales de grandes commodités. Il est assez facile de le mettre complètement à nu, à n'importe quel stade, en le libérant de ses enveloppes, ce qui permet de l'atteindre dans toutes ses parties et de mesurer, plus exactement que chez la grenouille, l'étendue de l'intervention. En revanche, il a aussi certains inconvénients : il ne présente pas de croissant gris ni rien d'analogue ; jusqu'aux derniers stades de la blastula, ce n'est que par tâtonnements qu'on reconnaît ses localisations germinales.

Il ne peut donc être utilement soumis aux interventions de vivisection que relativement tard, quand les tout premiers linéaments de l'embryon se dessinent, c'est-à-dire quand le mouvement de concentration des cellules qui formeront la double plaque dorsale a déjà

---

(1) Les études les plus complètes et les plus fructueuses sur le germe des tritons sont dues à Spemann et plusieurs de ses élèves (Mangold, Ruud, Geinitz, Marx, etc...) ; des compléments ont été apportés tout récemment par W. Vogt et Gœrttler.

acquis une notable importance. D'ailleurs la mise en place des ébauches se fait, chez le triton, plus lentement et plus tardivement que chez la grenouille, où elle est achevée dès que l'œuf a été fécondé. Il y a enfin, entre les urodèles et les anoures, des différences assez importantes dans la topographie de la morphogénèse. Nous les passerons sous silence, pour ne pas charger notre exposé de détails techniques qui n'offrent d'intérêt que pour les spécialistes.

Dans le germe des tritons, comme dans celui de la grenouille, mais à un stade plus avancé, l'expérimentation a pu mettre en évidence l'existence d'un centre d'organisation primaire, autonome, possédant dans la morphogénèse normale, des pouvoirs analogues à ceux de la partie moyenne du croissant gris des anoures. Chez tous les tritons étudiés, sa différenciation spontanée donne naissance approximativement à la région de la nuque et à la partie voisine du tronc de l'embryon et de la larve future. Dès qu'il est entré en action, il réagit sur les parties avoisinantes, provoquant en elles la formation des organes dorsaux dans le reste du corps. Cette action s'exerce notamment au-dessus de lui — vers l'ancien pôle supérieur de l'œuf — et a pour conséquence la différenciation « provoquée » des matériaux qui y sont localisés et qui deviendront toute la partie antérieure du système nerveux central, spécialement le cerveau, la chorde dorsale et les myotomes de cette région.

On peut admettre, et certains faits tendent à le démontrer, que les territoires qui répondront de façon spécifique à l'influence exercée sur eux par le centre autonome sont déjà, comme chez la grenouille, prédéterminés à cet égard et que leur réponse n'est que le déploiement de leurs potentialités propres. Mais s'il en est réellement ainsi, d'autres expériences, fort ingénieuses, ont démontré qu'il ne s'agit là que de la « potentialité réelle » de ce centre, c'est-à-dire du rôle qu'il joue effectivement dans un développement normal, et qu'il est, virtuellement, bien plus puissant que cela.

On peut mettre en évidence sa « potentialité totale » de la façon suivante : si, au-dessus de lui, on enlève un lambeau de la surface du germe, qui par son développement « provoqué » donnera naissance à une partie du système nerveux central, et si on le remplace par un autre, détaché de la partie ventrale d'une larve du même âge, et dont la destinée réelle est de fournir une partie de l'épiderme de la peau du ventre, le lambeau, ainsi transplanté, va subir l'influence du centre autonome primaire et réagira en donnant, non plus de l'épiderme, mais bien la partie du système nerveux central qui devait normalement s'édifier à l'emplacement qu'il occupe.

Le centre organisateur autonome n'a donc pas, ici, simplement provoqué l'éclosion de propriétés intrinsèques, latentes jusqu'alors ; il a totalement changé la destinée de tout un groupement cellulaire et lui a communiqué des potentialités nouvelles ; il l'a utilisé en vue d'une morphogénèse complète et normale. On voit combien est féconde la notion — introduite par H. Driesch — des potentialités réelles et totales. Le centre organisateur autonome dont nous avons vu la potentialité réelle, a comme potentialité totale de détourner de leur voie normale et d'incorporer dans la génèse des organes dorsaux du corps, des cellules quelconques, pourvu qu'elles soient prises à la surface du germe ; et ces cellules elles-mêmes, dont la potentialité réelle est de devenir de l'épiderme banal, peuvent former tout autre chose sous l'influence d'un excitant adéquat.

On conçoit que l'expérience type qui vient d'être décrite puisse être modifiée de diverses façons, dans un double but d'analyse et de contrôle. On a pu,

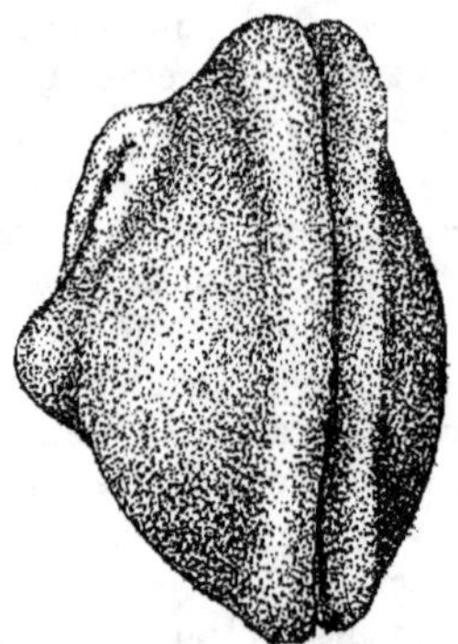

Fig. 29. — Embryon double de triton obtenu en greffant le centre organisateur (à gauche) d'un autre œuf.
(D'après SPEMANN et H. MANGOLD).

par exemple, transplanter le centre organisateur autonome d'un œuf dans la région ventrale d'un autre œuf du même stade. Cet œuf ainsi pourvu de deux centres, le sien propre et celui qu'on lui a implanté, donne un embryon ayant deux dos parfaitement constitués. C'est là un procédé fort élégant pour démontrer sur un seul et même objet que la notion des potentialités réelle et totale n'est pas une simple vue de l'esprit (Fig. 29).

L'aisance avec laquelle on peut isoler et transplanter le centre organisateur autonome des tritons, a permis de pousser plus loin encore l'analyse de ses propriétés, et en a notamment révélé une dont l'importance théorique est considérable. Il n'est pas spécifique, c'est-à-dire que son action n'est pas exclusivement limitée à l'espèce à laquelle il appartient. Un centre du triton alpestre, par exemple, implanté dans un germe de triton crêté y produit intégralement tous ses effets. On dira que la différence entre les deux espèces de tritons n'est pas bien grande et ne dépasse pas les limites de réussite des greffes ordinaires. Mais on a pu aller plus loin et transplanter avec succès le centre organisateur d'un crapaud sur un œuf de triton; il n'y a pas seulement subi son développement autonome, il a aussi provoqué le développement complémentaire de la région voisine. L'absence de spécificité est donc assez marquée pour qu'on puisse penser à la sécrétion par lui d'une hormone ; la question reste ouverte de savoir s'il en est bien ainsi.

Nous avons déjà dit plus haut, que la localisation des ébauches, chez les urodèles, se faisait plus lentement et plus tardivement que chez la grenouille. Mais l'évolution des localisations germinales, leur mise en place définitive n'est pas le seul événement important ; leur consolidation, la fixation de leurs propriétés en est un autre et, en l'examinant de plus près, on parvient à comprendre la signification et la portée véritable des différences en apparence inconciliables qui existent entre l'œuf de la grenouille et tous ceux qui se comportent comme ceux des tritons.

Voyons d'abord les faits expérimentaux sur lesquels peut s'appuyer le raisonnement. Les expériences de transplantation de lambeaux d'épiderme futur ou de centre organisateur, ne réussissent pas à n'importe quel stade du développement. Pour des raisons de technique, elles ne sont pas faisables avant que les mouvements cellulaires auxquels la plaque dorsale doit son origine n'aient atteint un certain degré.

Si à ce moment on pouvait, sur le germe du triton, dessiner l'emplacement occupé par les groupes de cellules porteurs des ébauches dorsales, on aurait sans aucun doute, une image très voisine de celle qu'affecte le croissant gris de grenouille dès que toutes les manifestations de la fécondation se sont achevées. Or, c'est alors, et pendant une très courte période seulement, que le centre organisateur (du triton) est capable de développer ses potentialités totales. Un peu plus tard, les mêmes techniques expérimentales ne donnent plus rien de semblable. Le centre, transplanté dans la région ventrale d'une autre larve, pourra bien subir sa propre différenciation, mais il est devenu impuissant à provoquer l'entrée en développement harmonieux des parties qui l'entourent. Et de même, un lambeau d'épiderme ventral futur, implanté dans la région qui deviendra normalement le système nerveux central, restera purement et simplement de l'épiderme.

On voit dès lors que les centres formateurs, qui ne sont en somme que des assemblages d'ébauches, ont perdu une partie de leurs potentialités totales ; il n'en subsiste plus que les réelles et le surplus est disparu. Il se peut aussi, mais cela revient au même, que les ébauches de second ordre soient déjà trop fixées dans leur destinée pour que celle-ci puisse encore être modifiée. En un mot, les pouvoirs morphogénétiques généraux des localisations germinales se spécifient de plus en plus étroitement à mesure que le développement progresse, c'est-à-dire que le temps passe.

La conclusion qui découle très légitimement de ces faits est que la différence entre les œufs d'anoures et d'urodèles, si accusée qu'elle soit en apparence, est d'ordre surtout chronologique et n'a pas de signification plus profonde. L'œuf des tritons, dès le moment où la transplantation des centres organisateurs ne réussit plus, est exactement, au point de vue de la dynamique de la morphogénèse, dans l'état où est l'œuf de grenouille lorsque le croissant gris a atteint son apogée : deux ou trois heures après la pénétration du spermatozoïde. Ce qui s'accomplit tout de suite chez l'anoure, dans l'œuf avant même qu'il ne se divise, ne s'achève chez les urodèles que beaucoup plus tard, après que la segmentation est finie. Mais abstraction faite de cette différence, fort intéressante sans doute et infiniment utile puisqu'elle a permis la réalisation d'une grande variété de techniques expérimentales et la découverte des faits qu'il s'agit d'expliquer, les deux catégories d'œufs sont les mêmes. Deux observations que nous relaterons brièvement, donneront à cette interprétation une base objective qui lèvera les derniers doutes.

Sur l'œuf de grenouille, une heure et demie à deux heures après la fécondation, quand le croissant gris est déjà bien net, si on détruit une partie de l'œuf, il manque à l'embryon qui se forme une région déterminée de son corps. Les localisations germinales sont donc, alors déjà, non seulement mises en place, mais fixes et strictement établies. Mais que l'on fasse la même opération une heure plus tôt, alors que le spermatozoïde est entré mais que l'activation n'est pas encore complète, elle ne donne aucun résultat : l'embryon qui s'édifie est normal et complet ; il est simplement un peu plus petit. C'est parce que des réparations pouvaient se produire, parce que certaines ébauches ou certains groupes d'ébauches, incomplètement achevés, avaient encore une potentialité totale supérieure à leur potentialité réelle, laquelle persistera seule quelques minutes plus tard. Une heure après l'entrée du spermatozoïde, l'œuf de grenouille est dans un état très analogue à celui de la blastula du triton. Aussi n'est-il pas étonnant que lorsqu'on a voulu transplanter un centre organisateur primaire de triton à un germe d'anoure (en réalité un crapaud) il n'ait rien provoqué chez son hôte : il était trop tard ; le déterminisme des parties était déjà trop rigide. Nous avons vu plus haut que l'expérience inverse réussit au contraire parfaitement.

Dans la première partie de ce chapitre, nous avons signalé que quand le premier plan de segmentation de l'œuf coïncide avec le plan de symétrie, les deux premiers blastomères de l'œuf de triton ont une potentialité *totale* qu'ils n'ont pas dans l'œuf de grenouille ; et nous avons interprété cette différence par une viscosité moins grande du matériel cytoplasmique chez le triton. Les faits décrits dans la seconde partie démontrent que cette fluidité correspond à un état moins stable, moins rigide des localisations germinales, entraînant une spécialisation moins complète de leurs potentialités. On pourrait, en dépouillant la bibliographie scientifique spéciale, rapporter un grand nombre d'exemples analogues de réduction progressive d'une potentialité totale primitive, jusqu'à une potentialité réelle effective qui seule persiste finalement, ou tout au moins qui seule reste capable de se manifester. On apercevrait alors que ces réductions peuvent se présenter sous des modalités très diverses, souvent fort intéressantes et qui sont susceptibles d'éclairer maints points restés obscurs. On pourrait de même au cours du développement d'un germe donné, retrouver bien d'autres cas de différenciations spontanées et provoquées, que ceux qui nou-ont servi de base. L'embryologie expérimentale, dans certains groupes du moins, a déjà poussé assez loin l'analyse des processus morphogénétiques pour que le mystère qui enveloppait le problème de leur harmonie et de leur enchainement commence à se dissiper.

Du point de vue théorique, cependant, bien des problèmes subsistent encore dont, il faut l'avouer, la solution reste lointaine. Nous en examinerons deux seulement, mais ils sont de première importance et tous les autres s'y rattachent plus ou moins directement. Ce sont : le sens profond de la notion des différenciations spontanées et provoquées, et la place que doit occuper, dans le cadre des théories biologiques, celle des potentialités totale et réelle.

Dans tout germe en développement il y a — nous en avons donné les preuves — un ou des centres d'organisation primaires, autonomes, dont la différenciation morphogénétique nous apparait spontanée, c'est-à-dire que les facteurs nécessaires à la réalisation de leurs potentialités siègent en eux-mêmes, font partie intégrante de leur constitution matérielle et dynamique. Beaucoup de ces centres et plus spécialement celui sur lequel nous avons fondé tout

notre exposé des faits, sont des complexes d'ébauches.
Ils donnent en effet naissance non pas à un organe
unique, mais à une partie du corps avec les divers
éléments qui la constituent. L'entrée en activité du
centre, qui nous parait spontanée et simultanée dans
toutes ses parties, peut donc résulter — et résulte
très probablement — des interactions qui s'exercent
entre les ébauches qui le composent. La spontanéité
devient dans ces conditions la résultante du travail
intérieur des parties qui se provoquent mutuellement
et se trouvent entrainées dans un mouvement d'ensemble.

En poursuivant ce raisonnement jusqu'à ses dernières limites, il en découle tout naturellement que,
dans chaque ébauche autonome prise à part, la mise
en marche de ses énergies, latentes jusqu'alors, est
aussi la résultante du jeu des actions et des réactions
qui s'exercent en elle, entre les particules qui la constituent.

Cette mise en marche, qui nous semble comme
l'explosion subite, à un moment donné, de propriétés
virtuelles, n'offre ce caractère que parce qu'elle se
traduit par des aspects visibles et aisément consta-
tables sous la loupe ou le microscope. La morphogénèse, en effet, consiste en des mouvements de
cellules, des phénomènes de croissance, des changements structuraux localisés.

Mais cette allure explosive n'est certainement
qu'une illusion. L'entrée en action n'est que l'aboutissant nécessaire d'un travail intérieur, ininterrompu
depuis les débuts de l'oogénèse, qui s'est poursuivi
pendant toute la segmentation, invisible, indécelable
par nos techniques, que les divisions successives de

l'œuf en cellules ont accompagné et favorisé, jusqu'à ce qu'un matériel cellulaire suffisamment nombreux soit devenu disponible. Le travail peut alors se continuer en utilisant ce matériel, en lui donnant forme et structure. Intime jusqu'alors, il s'affirme et s'extériorise en prenant les aspects d'une morphogénèse. Mais il n'y a là rien de nouveau à proprement parler, le germe n'a rien acquis qu'il ne possédait déjà ; toute sa vie est une évolution continue, que le savant découpe en « stades » pour pouvoir la décrire plus commodément mais qui n'ont, en fait, qu'une valeur conventionnelle.

Jusqu'à quel point en est-il de même pour les centres ou les ébauches plus secondaires, dont le développement doit être provoqué ? Rappelons d'abord que leur localisation dans l'œuf mûr ou activé, ou en voie de segmentation, selon les cas, est aussi fixe que celle des grands centres autonomes ; comme eux, ils ont été le siège d'un travail intérieur, préparatoire, aussi long si pas davantage. Néanmoins, ce travail n'arrive pas à produire ses effets ultimes. Pourquoi ? plusieurs explications sont possibles, entre lesquelles il est difficile de faire un choix dans l'état actuel de la science. La plus simple, la plus plausible aussi, parce qu'elle peut s'autoriser de comparaisons légitimes, est qu'il en est des ébauches secondaires comme de l'œuf qui a terminé sa croissance et entre en maturation : il s'arrête toujours parce qu'il lui manque quelque chose. Normalement, le spermatozoïde le lui apporte, mais l'expérimentateur peut le trouver dans le matériel de son laboratoire ; c'est sans doute de quelque chose d'analogue que les centres secondaires sont déficitaires, et les primaires le leur infusent.

Telle est l'idée que l'examen des faits impose à l'esprit. Il se pourrait que l'avenir la modifiât, ou tout au moins lui imposât un corollaire important. Il est possible en effet que l'entrée en activité de certaines ébauches provoquées, ne soit que hâtée par l'influence des centres spontanés, que cette influence n'ait pour conséquence qu'un réglage harmonieux dans la chronologie et l'ordonnance générale des processus du développement. Elle masquerait, dans ces conditions, une autonomie virtuelle qui, livrée à ses seules forces, n'apparaitrait que plus tard, — probablemetn trop tard.

Ainsi ressort, une fois de plus, l'importance fondamentale du facteur temps dans le réglage d'une ontogénèse. De lui dépend peut-être la nature primaire ou secondaire d'un centre organisateur ; on le retrouve à chaque pas quand on cherche à débrouiller l'écheveau enchevêtré des mécanismes qui impriment à la formation d'un être nouveau sa merveilleuse harmonie.

Retenons encore qu'un centre ou une ébauche secondaire (provoquée) agit sur son voisinage à la façon d'un centre primaire, pour mettre en marche le déroulement de ses potentialités réelles. Il y a donc des centres tertiaires, quaternaires, etc..., et l'on ne peut exclure des actions simultanées s'exerçant entre plusieurs centres voisins. Le même raisonnement peut s'appliquer à tous.

Enfin, y a-t-il dans l'œuf ou dans le germe en voie de développement des régions indifférentes, qui ne sont prédisposées à rien de spécifique, qui ne font que ce que les incitent à faire les propriétés des territoires qui les environnent ? C'est possible, bien qu'incertain, mais cette question, même si les faits lui

donnaient une réponse objective, ne pourrait être
envisagée qu'après un examen attentif de la notion
des potentialités totale et réelle.

La définition de cette notion parait assez simple :
la potentialité réelle c'est celle qui est effectivement
réalisée, c'est ce que forment une ébauche ou un groupe
d'ébauches dans un développement-type, entièrement
régulier et normal. La potentialité totale c'est ce que
cette ébauche ou ce groupe d'ébauches, pourraient
donner *en outre*, si la latitude leur en était laissée.
Le premier blastomère droit d'un œuf d'Amphibien
édifie la moitié droite du corps en vertu de sa potentialité réelle ; qu'on l'isole de son congénère ou qu'on
le retourne, il donnera un embryon entier : c'est sa
potentialité totale.

Il résulte de cette définition même, comme de tout
l'exposé des faits rapportés dans ce chapitre, que
dans une ontogénèse normale, la potentialité totale
des centres organisateurs ou des ébauches localisées
dans l'œuf est toujours dissimulée ; elle est une donnée
issue de l'expérimentation, mais nous allons voir
qu'elle est nécessaire pour expliquer bon nombre de
faits biologiques dont l'un au moins est d'une portée
essentielle.

Dans l'ordre d'idées que nous allons développer, rien
ne peut mieux concrétiser notre pensée que les résultats de la transplantation du centre organisateur
primaire du germe du triton, longuement exposés et
interprétés au cours de ce chapitre. On se rappelle
les faits : dans le développement du germe, le centre
provoque la formation d'une grande partie du dos de
l'embryon, mais aux dépens d'ébauches secondaires
déjà prédéterminées et qui ne font que suivre leur

destinée normale. Ce centre a donc comme potentialité réelle de former par sa substance même une région localisée du dos, et d'agir sur les ébauches voisines pour qu'elles mettent en marche le déroulement de leurs potentialités.

Mais si on transplante ce même centre dans la moitié ventrale d'une autre larve, il se montre bien plus puissant puisque, par sa présence, par les énergies et les substances qu'il dégage, il bouleverse la destinée normale des matériaux qui entourent son point d'implantation, et fait donner du système nerveux central, de la chorde dorsale et des rudiments de myotomes à des éléments qui, sans lui, n'auraient formé que de l'épiderme, du foie, du sang ou une partie quelconque de la muqueuse intestinale. Dans ces conditions, il déploie ses potentialités totales ou tout au moins une partie d'entre elles car l'expérience ne prouve pas qu'il les développe toutes.

Dans l'exemple choisi, la potentialité totale du centre organisateur primaire s'exerce à distance, mais elle peut dans d'autres cas s'exercer dans le centre lui-même, dont la substance donnera plus, ou autre chose que ce qu'elle donnerait normalement : il en est ainsi dans la formation d'une larve complète aux dépens d'un des deux premiers blastomères ; il en est encore ainsi pour les matériaux ventraux dans lesquels on implante un centre organisateur et qui ne font plus rien de ce qu'ils se préparaient à faire.

Mais nous avons vu aussi — et nous avons insisté sur ce point — que même chez les tritons, ces expériences ne réussissent que jusqu'à certains stades, antérieurs encore à l'apparition de structures morphogénétiques visibles. Immédiatement après elles échouent régulièrement. A ce moment, les potentialités totales disparaissent et les potentialités réelles persistent seules.

Rappelons pour ne plus avoir à y revenir que cet état de détermination stricte *paraît* intégralement réalisé dans l'œuf de grenouille, peu après l'achèvement de la fécondation.

Mais une première question se pose. Toutes les ébauches ou tous les groupes d'ébauches, ont-ils virtuellement une potentialité totale supérieure à leur potentialité réelle ? Rien ne s'oppose à ce qu'il soit répondu affirmativement, du moins au point de vue théorique ; mais en fait, il y a bien des ébauches, surtout parmi celles qui occupent un rang inférieur dans la hiérarchie, dont on n'a jamais pu détourner la destinée. Cette question ne peut donc être qu'énoncée, la solution qu'on y donnerait ne serait jamais qu'une probabilité et il n'y a pas lieu d'insister davantage.

Plus actuel et plus important est le point de savoir pourquoi la potentialité totale se réduit avec le temps et perd le pouvoir de se manifester dans le milieu ou elle siège ou dans un milieu de même âge où on l'a transposée. Disparait-elle vraiment, ou n'est-elle que dissimulée, inhibée en quelque sorte, pour des raisons qu'il y aurait lieu de rechercher ? Dans ce domaine encore, la science n'a pas dit son dernier mot et il lui reste de belles perspectives d'avenir. On en sait assez cependant, pour poser les jalons d'une interprétation générale des faits qui ne manque pas d'être suggestive.

Il est probable que la potentialité totale, dans certaines ébauches, se perd complètement et définitivement ; mais il est certain que dans d'autres elle n'est que masquée et rendue impuissante. Sa perte, réelle ou virtuelle n'est, en tout cas, que la suite naturelle de l'évolution des localisations germinales ; évolution continue, nous l'avons vu, travail intime d'abord, puis extérieur et qui, dans l'ordonnance de la construction de l'être, se spécialise inévitablement pour des fins déterminées.

La potentialité réelle, dans une ébauche, en est la destinée naturelle, immédiate ; elle se manifeste toujours parce qu'une ébauche n'est jamais seule dans le germe, n'est qu'une partie d'un ensemble en travail incessant. Les puissances latentes n'exercent qu'un rôle de suppléance possible et le germe n'a que faire d'elles quand son développement marche bien. Dans ces conditions, au fur et à mesure que les potentialités réelles deviennent plus effectives, plus agissantes, que les différenciations qu'elles provoquent sont plus avancées, le jeu des échanges de matières, des constructions et des destructions dont la substance vivante est le siège, s'oriente de plus en plus étroitement, se canalise dans un sens, déterminé par la nature des organes et des structures qu'il crée. Dès lors un peu plus tôt ou un peu plus tard — le facteur durée joue ici son rôle universel — la réserve de puissance, si même elle est encore intacte, ne trouvera plus autour d'elle de matériaux restés aptes à répondre à des impulsions et elle deviendra inefficace.

Mais il ne faut pas oublier que cette réserve de puissance est, en réalité, matérielle, qu'elle est un substratum physique et chimique des potentialités. Nul doute par conséquent qu'elle ne soit, elle aussi, entraînée tôt ou tard en totalité ou en partie seulement dans le métabolisme exacerbé de la période de la création des formes.

Dans une ébauche comme le centre autonome primaire du triton, ou comme la partie moyenne du croissant gris de la grenouille, on doit admettre l'existence d'une substance ou d'un complexe de substances qui s'épuisent et se dégradent au fur et à mesure de leur utilisation. N'en reste-t-il finalement plus rien ? Il est impossible qu'il en soit toujours ainsi ; la nécessité du maintien d'une parcelle des propriétés totales, dans certains éléments de tout être vivant, est apparue à tous les biologistes qui ont pensé au problème de la génération et de la continuité de la vie. Pour en rendre compte, on a formulé des théories diverses, dont celles de Weismann est la plus célèbre. Elles avaient le tort d'être trop morphologiques et de négliger les exigences physiologiques. Parler d'ides, de déterminants, d'idioplasme, etc..., les localiser dans des éléments figurés, n'a qu'une valeur représentative et a le seul avantage de donner une forme concrète au problème à résoudre.

Mais il est certain qu'il y a toujours des organes ou des régions du corps de l'être adulte, plus ou moins étendues selon les espèces, où il persiste quelque chose de la composition initiale du germe et qui a résisté à la destruction. L'existence de la génération agame, de la régénération et enfin de la reproduction sexuée prouve qu'il doit en être ainsi. A un moment donné, ce résidu des potentialités totales maintenu ou renouvelé par l'assimilation nutritive, pourra, dans des cellules favorisées, moins engagées que d'autres dans le travail de création d'organes, de tissus et de structures, entrer dans une nouvelle phase de métabolisme constructeur, s'accroître en volume et en quantité. Ces cellules existent chez tous les êtres vivants : ce. sont les cellules sexuelles ; leur période de métabolisme constructif, c'est la phase d'accroissement, surtout du grand accroissement de l'œuf.

Ainsi s'achève le cycle évolutif des localisations germinales auquel nous avons consacré tant de pages, et la conclusion finale qui s'en dégage est qu'un œuf contient en lui, dans sa substance, les sources immédiates de la formation des cellules génitales de la génération *suivante* et par conséquent de toutes les générations à venir.

CHAPITRE IX

LE DÉVELOPPEMENT ET LE MILIEU

Jusqu'ici il n'a pas été question du milieu ; si le
mot est venu sous notre plume c'est incidemment, et
pour affirmer qu'il ne joue dans le développement
qu'un rôle accessoire. Il ressort en effet à suffisance
de tout notre exposé, que les vraies causes de l'onto‑
génèse sont dans l'œuf lui-même et qu'elles sont indé
pendantes, par leur essence, du milieu qui les en‑
toure.

Dans d'innombrables cas, cette notion est d'une
évidence telle qu'il est presque inutile d'en donner
les preuves. Les œufs d'une foule d'animaux sont
pondus dans l'eau de mer ou dans l'eau douce des
rivières et des étangs. Le milieu dans lequel ils vivent
et se développent est exactement le même pour tous
et chacun d'eux n'en poursuit pas moins sa destinée
propre.

Il est vrai qu'en modifiant les qualités du milieu,
en augmentant ou en diminuant la quantité des sels
de l'eau de mer, en ajoutant à l'eau douce des substances diverses, on altère le développement normal
des œufs qu'on y place et on provoque la formation

de monstruosités diverses. Les embryologistes ne se sont pas fait faute d'employer cette méthode d'analyse du développement et en ont retiré d'utiles indications. Mais les monstres formés sont toujours spécifiques, les déviations de la normale ne se font jamais que dans un cadre déterminé par la nature de l'œuf en expérience. Des œufs de triton peuvent donner des monstres très variés mais ce sont toujours des tritons, si malconformés qu'ils soient.

Dans un seul cas l'influence du milieu en tant qu'agent morphogénétique parait possible, sinon vraisemblable ; c'est chez les Mammifères. Là, l'œuf se niche dans l'utérus de la mère ; il édifie un volumineux organe de nutrition, le placenta, grâce auquel il baigne véritablement dans le sang maternel et s'y nourrit jusqu'à la naissance.

On serait tenté de croire dans ce cas que, si même les traits généraux du développement de l'embryon ont leur source dans l'œuf, la mère leur vient en aide pour qu'ils se réalisent et que c'est le contact de ses tissus qui provoque, entre autres, la formation du placenta. Il n'en est rien cependant ; on a pu cultiver *in vitro*, c'est-à-dire en dehors de l'organisme maternel, de jeunes œufs de lapin au début de leur développement ; or celui-ci n'est pas altéré, les linéaments du placenta se dessinent à leur place normale et au moment voulu. Ils ont donc leur primum movens dans l'œuf et non dans la matrice : cette expérience à elle seule est concluante.

Il n'en est pas moins incontestable pourtant qu'un certain milieu ambiant est nécessaire pour le développement régulier de tous les œufs ; ils ne peuvent supporter sans mourir que des changements légers dans sa composition, et dès lors l'analyse du rôle exact qu'il joue prend une certaine importance, l'aide qu'il apporte doit être mesurée, contrôlée et interprétée. Evidemment cet apport varie selon les œufs dans la mesure où diffèrent les milieux où ils vivent. Il est néanmoins possible d'en donner les traits généraux.

Dès que l'œuf est activé, le taux de ses oxydations augmente dans des proportions considérables. Il doit donc trouver en dehors de lui l'air qui lui est nécessaire ; la croissance est toujours accompagnée d'un appel d'eau considérable et c'est le milieu qui doit y pourvoir. Il faut aussi, à certains moments, des sels, des matériaux nutritifs quand l'embryon avance en âge ; il faut des conditions de température définies pour que puissent se produire les réactions chimiques qu'entraîne le métabolisme de la vie en action et elles doivent se rencontrer dans le milieu extérieur.

On voit qu'il n'y a là que des conditions adjuvantes qui permettent, sans en être les causes, la manifestation de toutes les potentialités de l'œuf. Le milieu n'est donc pas un agent de formation à proprement parler, mais bien de réalisation : il permet aux localisations germinales de déployer leurs propriétés morphogénétiques propres, mais il ne leur en confère pas de nouvelles. Néanmoins, bien que réduit à ces proportions modestes, son influence ne doit pas être sous évaluée.

En embryologie, on doit toujours avoir présent à l'esprit la valeur réelle du mot « développement » ; il signifie que toutes les formes et tous les organes se construisent par une série lente et progressive de complications, qui s'enchaînent étroitement et ne s'arrêtent que quand l'état adulte est atteint. Leur constitution, leur forme, leur topographie, leur taille même ont, nous le savons, leur source originelle dans l'œuf ; dans un milieu idéal et immuablement constant, le développement de l'embryon serait lui aussi idéal et les potentialités du germe atteindraient leur plein et complet épanouissement.

Une pareille pureté dans la formation d'un être n'est jamais réalisée dans la nature, en raison de certaines imperfections toujours possibles dans le germe lui-même, mais surtout parce que le milieu n'est jamais parfait. Il subit toujours des variations, plus ou moins importantes, ne fut-ce que dans sa température et dans son aération ; chez les Mammifères tout changement dans l'état de santé de la mère modifie le sang dans lequel l'embryon puise ce qui lui est nécessaire pour vivre.

Un organisme n'est donc en aucun cas le produit intégral des potentialités morphogénétiques du germe d'où il provient ; certaines d'entre elles ont pu être plus favorisées que d'autres. D'une façon générale, les variations légères mais inévitables du milieu ne se traduisent pas par des malformations véritables, mais par des différences en plus ou en moins, par le degré de perfection, de fini auquel arrivent les divers organes, ou bien par de petits caractères de détail presque inappréciables.

Les propriétés intrinsèques de l'œuf et spécialement de ses localisations germinales trouvent toujours, au cours de l'ontogénèse, des conditions qui les contrarient. Si faible et si passagère qu'ait pu être cette action, l'organisme adulte en portera les traces. Pour l'embryologiste pur cela n'a guère d'intérêt, mais il en est autrement au point de vue de la biologie générale, comme de la statistique et de la sociologie.

Dans l'espèce humaine, pour ne parler que d'elle, l'existence des « sosies » est une illusion ou une formule littéraire et non une réalité objective, et il n'y a guère que les jumeaux, qui parfois — rarement — ont entre eux une telle ressemblance qu'on les distingue mal l'un de l'autre. Mais dans une même famille, si nombreuse soit-elle, tous les membres qui la composent ont des caractères propres. D'une façon plus générale, chacun de nous a les siens et nous nous reconnaissons sans peine les uns des autres : cela est dû à de légères variations dans le germe sans doute, à certaines particularités que nous tenons de la longue lignée de nos ancêtres et dont la génétique moderne a fait le but de ses études, mais aussi à ce que de petites influences extérieures ont imprimé une empreinte légère mais indélébile sur les facteurs du développement organique. Ainsi s'établissent des caractères individuels personnels, grâce auxquels les hommes se reconnaissent entre eux et peuvent être groupés en catégories par les anthropologistes.

Ce qui est vrai des formes l'est aussi des fonctions, et si l'aspect de l'individu a des caractéristiques propres, son comportement général lui est également personnel. Dans le domaine physique, il se décèle chez l'homme par exemple par des attitudes, par une façon spéciale de se tenir, de marcher, de gesticuler etc... Ce ne sont là que des marques tout extérieures, mais il y en a d'autres, internes, ressortissant plus proprement de la physiologie et qui peuvent échapper complètement ou n'apparaître qu'à l'occasion de maladies ou d'événements intercurrents.

Tout cela n'a pas de gravité, ni même d'importance en soi ; bien que l'usage ou l'habitude en accentuent les apparences.

Mais il peut arriver aussi que tel organisme dont le développement s'est fait dans de mauvaises conditions en porte des traces plus sévères : faiblesse ou débilité difficile sinon impossible à guérir, prédisposition à contracter certaines affections, organiques ou microbiennes. Les propriétés de l'œuf fécondé peuvent n'être aucunement en cause dans les cas de ce genre, et le milieu où il a vécu être seul responsable.

Nous n'avons envisagé jusqu'ici que des états physiques ; ils se retrouvent non seulement chez l'homme mais chez tous les animaux. Mais parmi les organes dont le développement et par conséquent le fonctionnement sont soumis à l'influence du milieu extérieur, il en est un qui, dans l'espèce humaine, a une importance primordiale : c'est le cerveau, siège de nos facultés psychiques. Comme tous les autres, il a dans les localisations germinales de l'œuf le substratum de sa constitution définitive, la trame de son organisation complète et d'un nombre infini des détails.

Il y a dans l'œuf fécondé humain l'ébauche de tous les caractères généraux du psychisme de l'espèce humaine et de toutes les particularités que l'individu tient de sa lignée propre. Mais l'épanouissement parfait de ces caractères dépend, lui aussi, des conditions extérieures du développement, qui n'atteignent jamais l'idéal complet. Au cours de la vie embryonnaire, ces conditions de milieu sont réalisées par le sang de la mère, ou plus exactement encore par l'organisme maternel tout entier. A ce moment déjà, certaines des ébauches partielles qui composent l'ébauche totale du système nerveux central pourront être un peu plus favorisées que d'autres, mais à moins d'anomalies graves, toutes se développeront. Les différences, toujours minimes, n'apparaitront pas à l'examen anatomique, et leur valeur fonctionnelle restera inaccessible à l'observation tant que l'enfant ne vivra pas d'une vie indépendante.

Après la naissance, il n'en est plus ainsi. L'achèvement du développement se prolongera longtemps encore, mais au milieu physique va se substituer le milieu moral dont l'importance n'est pas moindre et dont l'influence est de telle nature qu'elle entraine l'embryologie dans le domaine de la sociologie et de la science de l'éducation. Il est impossible que nous n'en disions pas ici quelques mots, si éloigné que paraisse ce sujet de ceux que nous avons traités jusqu'ici.

Au fur et à mesure que le cerveau se forme et se complète dans les diverses parties où s'élaborent les fonctions mentales, celles-ci se perfectionnent aussi. Le cerveau de l'enfant, au moment de sa naissance, est essentiellement ce que lui ont imposé les qualités générales et spéciales de l'œuf dont il provient. Il est, anatomiquement et fonctionnellement, la résultante du déploiement des propriétés contenues dans les ébauches primaires destinées à le former, légèrement modifiée par les petits accidents qui se produisent toujours dans les conditions extérieures et intérieures de son développement. Il en est de lui, nous l'avons dit, comme de tous les autres systèmes d'organes.

Mais après la naissance et jusqu'à ce que soit atteint l'état adulte, le cerveau va poursuivre le cours de son évolution ; seulement, dès ce moment, le facteur qui intervient pour en diriger le cours, c'est l'usage qu'il fera de ses facultés naissantes ; grâce à lui, les unes seront favorisées, les autres entravées. Or, l'usage que l'enfant fait de son cerveau est, pour toutes les fonctions mentales supérieures, dicté par le milieu moral dans lequel il vit. Ce milieu, comme tout autre, ne créera rien de nouveau ; nous avons montré à suffisance que, depuis les stades les plus reculés de la formation de l'œuf, les conditions externes dans lesquelles le développement se fait ne créent aucune ébauche dont le substratum n'existait pas dans le germe. L'entourage de l'enfant, « l'éducation » qu'il lui donne, ne créeront non plus rien qui n'existât déjà, mais leur influence n'en reste pas moins profonde. Tout développement qui se poursuit peut être stimulé ou contrarié : dans le premier cas il atteindra son apogée, dans l'autre il restera plus rudimentaire et s'achèvera en un état qui ne sera plus dépassé.

Nous venons d'employer le mot éducation ; celle-ci n'est en effet que l'influence du milieu dans lequel le cerveau de l'enfant et ses facultés psychiques prennent leurs caractères finaux et définitifs. Tout ce que nous avons appris dans les pages qui précèdent en trace le rôle et marque les limites de son pouvoir. Il est tout à fait illusoire de s'imaginer que le cerveau d'un enfant qui naît est une table rase, que l'éducateur garnira selon sa volonté ou ses désirs. Il a au contraire, pour employer une expression dont le sens n'est pas exclusivement morphogénétique, des potentialités.

L'éducation sera donc capable de faire donner aux potentialités psychiques et morales du cerveau d'un individu tout ce qu'elles peuvent, mais elle pourra aussi leur faire donner moins, les enrayer et laisser dans l'ombre des défauts ou des qualités, qui, autrement dirigés se seraient peut-être mis à l'avant-plan. En un mot, pas plus au point de vue moral qu'au point de vue physique, l'être adulte n'est jamais le produit complet, intégral, des ébauches contenues en germe dans l'œuf fécondé, dont il est issu. Anatomiquement comme intellectuellemnt et moralement, il représente une résultante, une sorte d'état d'équilibre entre ce que ses ébauches étaient destinées à produire et les conditions dans lesquelles il leur a été donné d'évoluer.

Dans l'espèce humaine, cette notion prend une importance particulière, car elle est une des raisons essentielles de l'infinie variété des caractères qui diversifient les hommes d'une même race, et elle est la raison principale pour laquelle les tendances héréditaires de chacun de nous n'atteignent jamais toutes leur plein épanouissement.

Nous n'avons eu en vue jusqu'ici que des influences sur la morphogénèse si légères, qu'elles ne se traduisent que par de petits détails et ne créent pas de véritables anomalies. Plus puissantes, elles produiront des monstres dont la description serait inutile et l'étude sans intérêt pour nous. S'il n'y a entre eux et l'être normal moyen qu'une différence de degrés, il n'est pas difficile, en général, de fixer à peu près la limite au delà de laquelle ce qui n'est que particularité individuelle devient vice ou défaut indiscutable. Chez l'homme et dans le domaine moral, il peut être pratiquement utile d'établir cette limite de façon conventionnelle et arbitraire ; il y a des nécessités sociales qui ne permettent pas l'hésitation et où il vaut mieux se montrer sévère qu'indulgent.

En revanche il en est d'autres, dont nous dirons un mot pour terminer ce chapitre, parce qu'elles sont en quelque sorte une vérification des notions acquises sur les propriétés des localisations germinales et nous permettront de faire connaître une catégorie de malformations qu'on n'a pas toujours située en bonne place dans le cadre de la tératologie. Nous voulons parler des arrêts de développement par insuffisance quantitative des ébauches.

Il ne s'agit plus ici de variations fortuites du milieu pouvant entraver, voire empêcher la formation normale d'une région du corps. Le facteur causal de l'anomalie siège dans l'ébauche elle-même qui, pour une raison quelconque, s'est mal constituée dans l'œuf.

Les anomalies chez l'homme et les Mammifères ont surtout été étudiées par les médecins et les vétérinaires ; on a classé les monstres en de nombreuses catégories et pendant de longues années on a fait intervenir, pour expliquer leur production, des causes tantôt bizarres, tantôt banales, mais toujours dépourvues de tout criterium sérieux. Il fut un temps où les « brides ammiotiques » étaient responsables de toutes les monstruosités qui s'offraient à l'observation (1). Si l'une de ces brides venait comprimer une partie du corps du fœtus, elle l'arrêtait dans son développement, ou l'engageait dans une voie défectueuse par sa simple action mécanique. Aujourd'hui

(1) Voir pour l'exposé et la critique de toutes ces « théories » le livre d'Et. Rabaud sur la tératologie, paru dans l'*Encyclopédie scientifique* (O. Doin, Paris).

on n'y croit plus guère, mais il reste encore de trop nombreux auteurs qui se refusent à abandonner une explication commode et, avec un peu d'imagination, valable pour tous les cas.

De même on a souvent dit, et on répète encore, que les monstres doubles, allant des simples « frères siamois », à de véritables fusions de parties considérables du corps, étaient dûs à ce que deux spermatozoïdes avaient fécondé un même œuf. Or, on sait à n'en plus douter que la dispermie est toujours abortive et que jamais elle ne provoque la formation de deux embryons. Les monstres doubles, comme les jumeaux bien séparés et normalement constitués, ne peuvent, d'après tout ce que l'on sait, reconnaître que deux causes : ou bien la séparation complète ou incomplète des deux premiers blastomères issus de la division de l'œuf, ou bien, notamment chez la femme, la fécondation simultanée de deux œufs pondus en même temps. Dans ce dernier cas, qui n'est vraiment une anomalie que chez les animaux qui n'ont qu'un seul jeune, les deux jumeaux pourront être de sexe différent. Dans le premier, les jumeaux ou les deux composants du monstre double sont du même sexe, et quand ils peuvent se développer dans de bonnes conditions et continuer à vivre, ils se ressemblent remarquablement.

Mais à côté de ces accidents plus ou moins sérieux, les anomalies dues à une véritable insuffisance des ébauches primaires méritent une mention spéciale.

On se rappelle que parmi leurs propriétés, ces ébauches ont un pouvoir de croissance et d'induction limité. Des recherches expérimentales soigneusement conduites ont démontré que si on leur enlève une partie de leur substance, les organes qui en procèdent offrent un déficit proportionnel dans la taille et les dimensions ; ils deviennent des miniatures des organes normaux (voir page 143) et, ce qui est tout aussi important, ils le restent, quelles que soient les conditions dans lesquelles on les place ; le déficit initial ne ne peut jamais être récupéré.

Evidemment, un organisme quelconque, un être humain par exemple, ne pourra jamais vivre bien longtemps si l'une des moitiés de son corps n'est qu'un rudiment de l'autre. De même si c'est l'ébauche de la tête ou du cerveau qui est fortement déficitaire, il se formera des êtres anencéphales ou microcéphales qui ne sont pas viables et dont les descriptions abondent dans la littérature spécialement consacrée à la tératologie humaine.

Les cas les plus intéressants sont ceux où le déficit est faible et ne se traduit que par de légères inégalités dans les deux côtés d'une région limitée du corps, dont la conformation générale est par ailleurs normale.

Ce peut être un membre un peu plus grêle, une articulation dont la cavité est trop petite ; ou bien encore une moitié de la face qui est réduite et provoque une asymétrie disgracieuse. Ces petites anomalies sont très fréquentes ; elles passent inaperçues chez les animaux; mais les médecins les ont depuis longtemps reconnues et décrites en leur donnant des noms. Nul doute qu'il n'y en ait un grand nombre d'autres qui ont échappé aux pathologistes mais que des parents attentifs ont remarquées chez leurs enfants, en ne leur attachant que la valeur d'un léger caractère particulier, sans gravité.

C'est en effet sans importance et quand la malfor

mation est très légère, elle ne trouble le plus souvent que l'esthétique du corps. Mais il n'en est pas toujours ainsi, et l'une d'entre elles, très fréquente et connue de tout le monde, bénigne aussi mais qui déforme considérablement l'aspect du visage, est le bec de lièvre. Le caractère fondamental de pareilles anomalies, le fait qu'elles sont indélébiles de par leur origine même, leur confère une réelle gravité. On ne peut leur appliquer que des palliatifs par des moyens médicaux ou chirurgicaux, mais la réparation complète ne s'effectue jamais.

Quelle est l'origine de ces vices de conformation dans les ébauches du germe ? Elles peuvent être fortuites, ce qui veut dire qu'elles dépendent alors de circonstances qui nous échappent complètement ; mais elles peuvent être dues aussi à une altération quelconque du milieu dans lequel s'est fait le développement de l'œuf, depuis le stade de cellule sexuelle souche, jusqu'à la fin de la période d'accroissement ; il peut arriver aussi que le spermatozoïde joue un rôle dans leur apparition puisque une de ses fonctions principales, parmi les manifestations dynamiques de la fécondation, est de donner aux ébauches contenues dans l'œuf leur répartition et leur constitution définitives.

Chez l'homme, on invoque généralement comme cause de l'altération du milieu, parfois faute de mieux, parfois pour des raisons assez bien établies, les trois grandes plaies de l'Humanité : la syphilis, la tuberculose et l'alcoolisme. Leur influence est tellement plausible que même en l'absence de preuves expérimentales décisives, on peut l'admettre sur la foi des simples documents statistiques.

Mais une question se pose tout naturellement à l'esprit du lecteur. Ces anomalies par déficience des ébauches sont-elles héréditaires, c'est-à-dire se transmettront-elles aux produits sexuels de la génération suivante ? On ne peut le prévoir d'avance, car si la transmission est possible, elle n'est pas inévitable. Si les ébauches des organes génitaux sont restées saines et intactes, il n'y a pas de raison, *a priori*, pour que leurs produits ne le soient pas aussi. Mais la question de l'hérédité est assez importante pour qu'un chapitre spécial lui soit consacré.

CHAPITRE X

COUP D'ŒIL D'ENSEMBLE SUR L'HÉRÉDITÉ

Peu de questions biologiques ont fait couler autant
d'encre que le problème de l'hérédité. C'est qu'il a,
non seulement une portée théorique immense, mais
aussi qu'il suscite une foule d'applications pratiques.
Ces dernières nous occuperont d'autant moins qu'elles
sont sous la dépendance de la solution qui sera donnée
au problème lui-même.

C'est, en fait, l'hérédité, entendue au sens large,
qui fut l'objet exclusif de ce livre ; on peut la définir
comme étant l'ensemble des causes et des facteurs
qui font qu'aux dépens d'un germe se forme un individu possédant tous les caractères généraux de l'espèce à laquelle il appartient et, en plus, certains caractères particuliers qu'il tient de la lignée ancestrale dont
il est l'aboutissant direct. Dans un chapitre antérieur
le sens qu'il faut donner à ces deux groupes de caractères a déjà été précisé : les caractères généraux de
l'espèce, tous les œufs les possèdent, tandis qu'aucune
expérience positive n'a pu prouver qu'ils sont aussi
ʼᵒⁿs les attributs du spermatozoïde ; au contraire

tout œuf et tout spermatozoïde apportent au germe fécondé sa part des caractères individuels.

Ces causes et ces facteurs se confondent entièrement avec les propriétés des localisations germinales ou, plus exactement, des ébauches virtuelles qui les composent ; l'analyse que nous en avons faite est donc, à proprement parler, celle de l'hérédité toute entière.

Il semble, après ces quelques mots d'explication, qu'il n'y ait plus rien à ajouter et que notre tâche soit accomplie. Pourtant si nous nous en tenions là, il persisterait certaines obscurités dans l'esprit du lecteur, dues à l'usage qu'on fait du mot hérédité dans le langage courant et même dans la litérature biologique. Aux yeux du plus grand nombre, l'embryologie et l'hérédité sont deux domaines distincts qui ne sont pas travaillés par les mêmes hommes ni par les mêms méthodes.

En réalité, la complexité des faits a imposé une répartition du travail ; l'hérédité générale est devenue avant tout le domaine propre de l'embryologie causale, tandis que l'hérédité spéciale reste le terrain sur lequel s'exerce l'activité des généticiens. Mais il ne faudrait pas, comme on l'a fait parfois, exagérer la portée de cette répartition et croire qu'elle implique la présence de deux hérédités coexistant dans un même germe et qui évolueraient côte à côte. L'hérédité est une, et ce que nous appelons l'hérédité spéciale n'est que le cachet individuel qu'elle présente dans chaque cas particulier. La distinction des deux hérédités n'est donc valable qu'en gros ; elle est commode et utile pour l'orientation des recherches, mais leurs limites sont souvent indistinctes et elles doivent entrer toutes deux dans le cadre d'une même explication théorique.

Dans cet ordre d'idées, un point d'une importance considérable mérite de retenir toute notre attention, parce qu'il a été l'origine d'un grand nombre d'études et de discussions passionnées.

L'œuf, dès son origine, puis pendant sa croissance et après qu'il a été activé, est une « cellule ». La cellule est l'unité vivante la plus simple que nous offre la nature ; et elle comprend toujours un corps formé de cytoplasme dans lequel se trouve logé le noyau, contenant le « nucléoplasme ». Tous deux renferment des éléments figurés que mettent en évidence les techniques microscopiques ordinaires : chromosomes ou réseau chromatique dans le noyau, mitochondries, filaments, enclaves diverses dans le cytoplasme. Tous ces éléments figurés sont, en principe, les conséquences — plutôt que les causes — du métabolisme cellulaire, ainsi que nous l'avons vu dans le premier chapitre de ce livre, mais ils frappent vivement l'attention par la netteté avec laquelle ils apparaissent à l'examen microscopique ; aussi, bon nombre d'auteurs ont-ils voulu voir, soit dans les uns, soit dans les autres, des organites « porteurs » des tendances héréditaires, présidant à leur destinée par un mécanisme obscur et qui est plutôt du domaine de la métaphysique que de la physique.

Au cours de l'exposé que nous avons fait jusqu'ici, non seulement des faits, mais de leur interprétation et de leur signification, nous n'avons jamais fait appel à ces « organites » ; ils ne nous auraient été d'aucun secours et en les ornant de propriétés plus mystérieuses encore que ce qu'il fallait expliquer, nous aurions obscurci le sens réel des données expérimentales que la science à mises en lumière.

Mais au point où nous en sommes arrivé dans notre étude, nous pouvons sortir de la réserve qui nous était imposée et examiner, d'un point de vue théorique, le rôle respectif qui revient au noyau et au cyto plasme dans le travail qu'accomplit l'œuf pour prépa rer et pour suivre sa destinée.

A cet égard, la cytologie et l'histologie ont fait connaître, depuis de longues années déjà, des faits dont le temps n'a pas diminué l'importance mais n'a pas non plus dissipé l'obscurité.

Le noyau, dans toute cellule et spécialement dans l'œuf en formation et en développement, a un comportement tout autre que le cytoplasme. Celui-ci, au cours de son accroissement quantitatif et plus encore de la morphogénèse, passe par des transformations progressives ; il édifie des organes et des structures, il subit des différenciations, qu'on peut caractériser à la fois morphologiquement et chimiquement. C'est en lui que se déploient toutes les potentialités évolutives des ébauches de tout ordre, primaires, secondaires ou tertiaires. C'est sur lui qu'agissent les interventions expérimentales et ce sont ses réactions qui permettent de juger de leur efficacité.

Au regard du cytoplasme, le noyau cellulaire est étonnamment stable. Que ce soit dans l'œuf ou dans les innombrables cellules qui résultent de ses divisions, il est toujours une petite vésicule, claire et homogène sur le vivant, granuleuse ou réticulée sur les objets fixés, et qui sous réserve de minimes détails, dont l'importance est incertaine et en tout cas nous échappe; reste toujours identique à elle-même. On n'y observe, au cours de la vie cellulaire, que des changements cycliques et réversibles de son contenu ; c'est ainsi que périodiquement, chaque fois que la cellule va se diviser, la partie de sa substance appelée chromatique — parce qu'elle prend bien les matières colorantes — s'agglutine, sans doute par gélification des colloïdes, en filaments appelés chromosomes, toujours semblables et de même nombre dans chaque espèce animale. C'est le moment où la dicentrie se montre dans le cytoplasme, condition préalable à la division cellulaire qui va se produire et au clivage de chaque chromosome en deux moitiés. Après cela, dans les cellules-filles, l'état vésiculeux du noyau reparaît jusqu'à ce qu'un nouveau cycle commence. Certains changements dans la turgescence, complètent le tableau général de l'évolution nucléaire, telle que nous la connaissons.

A un seul moment, il s'y produit un événement spécifique, c'est pendant la période de petit accroissement des cellules mâles et femelles : les chromosomes apparaissent, mais au lieu de se diviser tout de suite ils ne le font que beaucoup plus tard, après s'être disjoints lors de la première figure de maturation (V. Chap. II).

Ce qui ressort d'essentiel de ce bref résumé, c'est que le noyau ne subit aucune différenciation irréversible, comme le cytoplasme ; il ne crée directement dans sa propre substance, ni formes, ni structures nouvelles. Le noyau de l'œuf est la matrice des millions de noyaux de l'organisme adulte qui, structurellement, sont tous les mêmes. Et pourtant, il doit jouer un rôle essentiel, puisque sans noyau il n'y a pas de cellule qui puisse vivre. Un œuf, avec ses localisations germinales intactes, mais privé de noyau, meurt sans rien donner, sans même ébaucher la moindre tentative de différenciation ; et il en est ainsi pour tous les blastomères, pour toutes les cellules de l'embryon, pour toutes celles de tout être vivant.

C'est donc qu'il fonctionne, mais comment ? On y a décelé des ferments, des oxydases ; on y a vu la trace de phénomènes d'oxydations ; c'est un début prometteur, mais c'est encore insuffisant pour orienter la pensée et guider les recherches. On doit donc recourir à des hypothèses dont l'avenir fera le sort.

Si le noyau est le siège d'un métabolisme, et on ne peut concevoir qu'il en soit autrement, les éléments d'apport doivent venir du cytoplasme cellulaire et les produits élaborés doivent s'y déverser. Noyaux et cytoplasme vivent ainsi en une sorte de symbiose, mais avouons que nous ignorons la nature matérielle des échanges, comme les qualités du travail nucléaire et que nous n'en voyons que le résultat global. Or, ce résultat est gros de conséquences car il n'est pas autre chose que la vie constructive et créatrice. Il manque au cytoplasme et spécialement, dans le cas qui nous intéresse avant tout, aux localisations germinales, quelque chose faute de quoi elles sont incapables, non seulement d'accomplir seules leur destinée, mais de vivre fut-ce d'une vie latente ; c'est le noyau qui y supplée.

Il n'y a rien ici de comparable à l'inertie de l'œuf arrivé au terme de sa croissance et dont les causes ont été examinées dans un autre chapitre. L'influence du noyau est une nécessité incessante et continue et nullement accidentelle ni même cyclique. Elle se manifeste donc, au point de vue spécial de l'embryologie, dès les premiers moments de l'existence des cellules sexuelles souches des œufs et des spermatozoïdes et se poursuit inlassablement jusque dans les éléments constitutifs de l'être adulte. Elle intervient pendant que les matériaux formateurs des organes se constituent, puis se mettent en place et enfin se différencient. Elle est le ferment qui les fait vivre et leur permet de développer jusqu'au bout leurs potentialités. Mais, et ceci est un fait capital dont la démonstration est faite, le noyau à lui seul est impuissant à détourner une ébauche ou un groupe d'ébauches de leur destinée normale. Les localisations germinales ont leur avenir morphogénétique fixé par leur composition même et, qu'elles soient rigides ou capables de remaniements, leurs propriétés intimes sont un bien qu'elles possèdent sans partage.

Puisque le noyau intervient pendant que les matériaux se construisent dans la petite masse cytoplasmique de l'oogonie, puisqu'il intervient encore quand les ébauches, vaguement réparties, se fixent en des localisations germinales, puisque son action ne cesse pas pendant tout le cours de la morphogénèse, il est évident qu'il joue dans le déroulement des tendances héréditaires un rôle qui, pour être très différent, ne le cède en rien à celui du cytoplasme. Il compte, pour reprendre une expression déjà employée, parmi les causes et les facteurs, qui font qu'aux dépens d'un germe naît un organisme nouveau, avec tous ses caractères généraux et spéciaux.

Aux localisations germinales naissantes il pourra imprimer de petits caractères particuliers qui se traduiront par des variations légères dans la conformation finale des organes et des formes ; et à tout moment de l'évolution il pourra agir de même. Enfin, envisagé sous cet angle, le rôle du spermatozoïde dans l'hérédité devient intelligible. Il n'est guère qu'un noyau, nous l'avons vu ; aussi est-il impuissant à rien créer dans l'œuf, mais en juxtaposant son action à celle du noyau femelle, il apporte de nouvelles possibilités de variations légères et individuelles dans l'hérédité. Les généticiens modernes, sous l'influence surtout de Th. H. Morgan, ont largement utilisé et souvent avec grand fruit, l'influence probable du noyau sur les caractères spéciaux du développement du germe ; mais la question est loin d'être épuisée et l'étude méthodique du complexe nucléo-cytoplasmique reste une des grandes tâches que la biologie cellulaire ait à accomplir.

CHAPITRE XI

LA VIE CRÉATRICE

La vie créatrice ! Dans aucun domaine de la biologie, la vie n'est aussi explicitement créatrice que dans l'ontogénèse d'un organisme. Elle ne crée pas aux dépens de rien : c'est une impossibilité que la science ne peut pas envisager et la métaphysique seule peut en conférer le pouvoir à une Divinité pour expliquer les origines de l'Univers sensible. Mais elle crée de la forme avec de l'amorphe ; elle crée des organes compliqués avec des matières premières relativement simples ; elle crée des structures par un chimisme incessant et étroitement spécifique qui est le criterium la plus sûr de son existence ; et plus tard quand, l'œuvre étant achevée, elle n'a plus rien à ériger, elle maintient en elle le travail et le déploiement d'énergie que nous appelons les fonctions physiologiques, jusqu'à ce que l'usure des matériaux la rende impuissante.

C'est le but de la science d'étudier, d'analyser, d'interpréter le mécanisme de tout ce que la vie construit à partir du germe. On a vu dans les divers chapitres de ce livre qu'elle s'est mise à la tâche et que le succès commence à couronner ses efforts ; dans tous les domaines : morphogénétique, physique, chimique, des hypothèses fécondes ont permis à l'expérience de pénétrer au cœur même de l'énigme et d'y jeter un peu de lumière.

Si incomplets que soient encore les résultats acquis, ils frappent l'esprit par leur solidité, par l'aisance avec laquelle ils s'enchaînent ; ils tracent au savant une voie dans laquelle il sait qu'il peut s'engager librement, confiant dans la valeur de ses méthodes et de ses raisonnements.

S'il en est ainsi, c'est parce que la vie, tant sous sa forme créatrice que conservatrice, n'est pas toute puissante ; elle ne s'impose pas aux matériaux dans lesquels elle agit ; ce sont eux, au contraire qui, par leur composition, leur nature, leur agencement, les proportions dans lesquelles ils se trouvent, rendent la vie inévitable en eux. C'est parce que la vie n'est pas toute puissante qu'elle est accessible à l'analyse expérimentale. Qu'on dérange dans un système vivant l'ordonnance des substances qui le composent, ou leurs rapports de proportionnalité, ou encore l'état physique dans lequel ils se trouvent, la vie est troublée et le système peut mourir. Il ne dépend que de progrès dans nos techniques, de progrès aussi dans les sciences physiques, d'arriver, en procédant par élimination, à distinguer dans ce système l'essentiel de l'accessoire, à réduire la vie à un minimum de conditions nécessaires et à la pouvoir ainsi mieux comprendre.

On a dit souvent que ce qui rend la vie insaisissable, c'est la mort ; la vie fuit quand on veut la saisir et l'aggrégat matériel qu'elle animait change brusquement dès qu'elle s'en est échappée. C'est vrai sans doute ; c'est surtout vrai quand on vise à faire l'analyse des matières vivantes par les méthodes de la chimie ordinaire ; on ne travaille plus que sur des corps bruts, sur des protéines disloquées, et les résultats ainsi obtenus n'ont que la valeur d'une première approximation.

Mais en se fondant sur ces méthodes, on peut aller plus loin, par des procédés indirects mais néanmoins très sûrs. C'est ce qu'ont tenté les études dont il a été brièvement question au cours de ce livre, sur l'influence de la teneur en ions métalliques du milieu, sur les variations de la pression osmotique en fonction du milieu et du stade de la vie cellulaire et leur mesure ; sur la valeur relative des oxydations et des réductions, les variations du rapport acide-base, les modifications de l'indice de réfraction, de la conductibilité électrique dans les cellules au repos, en activité, les changements de viscosité ; sur l'existence et la localisation des ferments, des catalyseurs, etc... etc... Ces recherches ne sont que des travaux d'approche, mais elles démontrent que la cellule vivante peut révéler une partie de ses secrets sans qu'on la tue, du moins avant qu'elle ne meure. On trouvera sûrement d'autres « indicateurs » encore qui permettront d'aller plus loin.

Dans le domaine de la morphogénèse, nous ne connaissons un peu les lois suivant lesquelles elle s'accomplit que grâce à des méthodes simplement biologiques, (vivisections, marques, actions extérieures etc...) mais le jour où l'on aura pu pénétrer dans la chimie et l'énergétique des localisations germinales, un progrès immense aura été fait et on pourra bâtir sur un terrain solide.

La vie, enserrée ainsi dans toutes ses manifestations, nous livrera-t-elle ses derniers secrets ? Oui, dans la mesure où le reste de la nature nous révèle les siens. L'étude des phénomènes naturels permet de découvrir

les lois suivant lesquelles ils se produisent ; la mathématique les enchaîne, les coordonne et les formule,
mais nous ne savons rien de leur essence même. Quand
nous parlons de force ou d'énergie sous quelque forme
que ce soit, nous entendons les lois qui régissent des
manifestations dont nos sens, aidés par un appa-
reillage expérimental, nous ont prouvé l'existence.
Par généralisation, nous constatons que l'Univers
est un système, c'est-à-dire que le caprice ou le hasard n'y jouent aucun rôle ; nous concluons que les
lois qui le régissent sont immuables, aussi vieilles
qu'il l'est lui-même, et qu'elles dureront autant que lui.

Réduire l'être vivant lui aussi à un système dont
les lois pourraient être définies, est le but que poursuit la biologie et nous l'avons essayé nous-même dans
tous les chapitres de ce livre. Mais nous avons dû lui
reconnaître des propriétés, des pouvoirs qui ne sont
pas encore réductibles à un jeu de forces ou d'énergies.
Le biologiste est donc bien moins avancé que le phy-
sicien et manie une matière beaucoup plus complexe.
Les mesures sur lesquelles reposent toutes les lois de
la physique n'ont pu être appliquées à la vie que dans
les plus acessoires de ses manifestations. Serait-elle
vraiment incommensurable ? ou n'échappe-t-elle aux
mesures qu'en raison de notre ignorance et de notre
incapacité ? Une réponse affirmative à la seconde question est un acte d'espérance, à la première c'est un
aveu d'impuissance.

L'homme de science, dans ses méditations, peut
hésiter entre les deux, mais dans son laboratoire, dans
l'élaboration des hypothèses qui dirigeront ses recherches, il doit avoir la foi et conserver l'espérance.
Il n'en reste pas moins vrai que la vie créatrice de

tous les organes et de toutes les fonctions jusqu'aux plus hautes, jusqu'à celles qui sont le propre de l'homme, même si elle peut être réduite à une des formes de l'énergie universelle, prendra à côté des autres, une place à part.

Pour la science en effet, la vie est une, mais ses manifestations sont infiniment diverses ; c'est la même vie qui doit être en action pour l'accomplissement de la morphogenèse, ou de la nutrition, ou des fonctions mentales ; c'est par les mêmes forces que l'organisme se crée puis se maintient quand il a acquis toute sa taille, car il ne fait alors, dans toutes ses parties, dans tous ses organes, que mettre en œuvre sous une forme finie, ce qu'a lentement préparé le développement de l'œuf. Et c'est la même vie encore qui, quand la mort individuelle survient, se continue dans les éléments sexuels d'une nouvelle génération et recommence le cycle qui s'est achevé.

Cette forme « vivante » de l'énergie, telle que nous pouvons la concevoir, n'a aucune analogie avec la force vitale des anciens philosophes qui n'a plus qu'un intérêt historique ; elle n'est pas non plus l'entéléchie aristotélicienne qui n'est qu'une variante de la pre· mière et que des biologistes comme H. Driesch ont remise en honneur dans ces drenières années. Nous nous en faisons une idée plus souple, plus large, plus matérielle, parce que nous ne nions pas *a priori* qu'elle réponde à des lois et se prête à des mesures. Laissons lui donc en attendant mieux, le nom de vie ou appelons la, comme nous venons de le faire, la forme vivante de l'énergie.

On trouvera peut être cette formule bien vague ; elle n'est que prudente, elle laisse la voie libre à la pensée comme à la recherche scientifique. Dans un domaine comme celui-ci, qui touche aux confins de ce qui nous est accessible, l'attitude du savant doit être une position d'attente.

Mais les hommes qui réfléchissent sur le sens et la fin de la vie, qui la sentent se traduire en eux non seulement par des actes mécaniques, mais par l'intelligence, la volonté, la morale, qui ont la conscience et la connaissance de leur propre existence, ne se contenteront pas toujours d'un système de courbes, de tracés et de formules, représentant les lois qui régissent tout leur être. Beaucoup d'entre eux chercheront au delà de la physique de la vie, l'origine de ces lois et ce qui les a fait telles qu'elles sont. Ils s'efforceront de trouver dans une métaphysique l'explication dernière à laquelle ils aspirent ; cette métaphysique sera simple ou compliquée selon les tendances et les sentiments de chacun, elle pourra prendre des formes multiples, toutes également respectables, quelles que soient les erreurs dont elles seront entâchées.

Nous n'ignorons pas que beaucoup d'hommes de science répudient la métaphysique parce qu'elle ne serait qu'un vain jeu de l'esprit. Il en est parfois ainsi en effet, mais ce jeu, s'il n'est même que cela, offre tant de séduction, il s'impose aussi avec tant de force dans certaines circonstances de la vie, que bien peu d'hommes échappent entièrement à son emprise ; et nombreux sont les savants eux-mêmes, qui, sortis de leur laboratoire et rêvant au sens profond des problèmes qui les passionnent, font quand même de la métaphysique sans le vouloir et parfois sans le savoir.

A. Brachet. — *L'œuf et les facteurs de l'ontogénèse*, 1917 (Paris-Doin).
— *Génération et fécondation*, Vol. jubilaire de la Société de biologie de Paris, 1923.
M. Caullery. — *Les problèmes de la sexualité*, 1913 (Paris, Flammarion).
R. Collin. — *Physique et Métaphysique de la vie*, 1925 (Paris-Doin).
Edw. G. Conklin. — *L'hérédité et le milieu*, traduit de l'anglais par M. Herlant, 1920 (Paris-Flammarion).
R. V. Cowdry. — *General cytology*, 1920 (Chicago University Press).
Voir spécialement dans cet ouvrage les chapitres traités par A. P. Mathews, R. S. Lillie, Chambers, F. R. Lillie et E. Just, E. G. Conklin, et T. H. Morgan.
de Beer. — *An introduction to experimental Biology*, 1926 (Oxford, Clarendon Press).
Y. Delage et Goldsmith. — *La parthénogénèse naturelle et expérimentale*, 1913 (Paris-Flammarion).
H. Driesch. — *La philosophie de l'organisme.* Traduit par M. Kollmann, 1921 (Paris-Rivière).
J. Duesberg. — *L'œuf et ses localisations germinales*, 1926 (Paris, Presses universitaires de France).
E. Fauré-Fremiet. — *La cinétique du développement*, 1925 (Paris, Presses Universitaires de France).
E. Guyenot. — *L'hérédité*, 1924 (Paris-Doin).
O. Hertwig. — *Allgemeine Biologie*, 4e édition, 1912 (Iena-Fischer).
F. R. Lillie. — *Problems of Fertilization*, 1923 (Chicago University Press).

J. LOEB. — *Artificial Parthenogenesis and Fertilization*, 1913 (Chicago University Press).
TH. H. MORGAN, STURTEVANT, MULLER et BRIDGES. — *Le mécanisme de l'hérédité mendélienne*. Traduit par M. Herlant, 1923 (Bruxelles-Lamertin).
EDM. B. WILSON. — *The cell in Development and Heredity*, 3d édition, 1925 (New-York-Mac-Millan).

TABLE DES MATIÈRES

Saint-Amand (Cher). — Imprimerie R. Bussière.